GOOD CHARTS WORKBOOK

Tips,Tools,and Exercises for Making Better Data Visualizations

用图表说话

职场人士必备的高效表达工具

[美] 斯科特·贝里纳托（Scott Berinato）著
王正林 译

图书在版编目（CIP）数据

用图表说话：职场人士必备的高效表达工具 /（美）斯科特·贝里纳托（Scott Berinato）著；王正林译．—北京：机械工业出版社，2020.5（2022.7 重印）

书名原文：Good Charts Workbook: Tips, Tools, and Exercises for Making Better Data Visualizations

ISBN 978-7-111-65411-7

I. 用…　II. ①斯…　②王…　III. 表处理软件　IV. TP391.13

中国版本图书馆 CIP 数据核字（2020）第 066329 号

北京市版权局著作权合同登记　图字：01-2020-0201 号。

用图表说话：职场人士必备的高效表达工具

出版发行：机械工业出版社（北京市西城区百万庄大街 22 号　邮政编码：100037）

责任编辑：彭　箫　　责任校对：殷　虹

印　　刷：北京瑞禾彩色印刷有限公司　　版　　次：2022 年 7 月第 1 版第 7 次印刷

开　　本：240mm × 186mm　1/16　　印　　张：18

书　　号：ISBN 978-7-111-65411-7　　定　　价：89.00 元

客服电话：（010）88361066　88379833　68326294　　投稿热线：（010）88379007

华章网站：www.hzbook.com　　读者信箱：hzjg@hzbook.com

contents

目　录

introduction
引　言

如何开始

你好。

你可能是在读过了《好图表：更加智能、更有说服力的数据可视化〈哈佛商业评论〉指南》（*Good Charts: The HBR Guide to Making Smarter, More Persuasive Data Visualizations*）一书[㊀]之后，才开始阅读这本制作手册的。那是我的上一本书，它为理解什么是好图表提供了一个框架，并且为你自己制作图表设计了一个流程。你或许只是因为对数据可视化感兴趣而在书店购买了本书。你想制作优秀的图表，或者说，你认为自己应该能做到；或许你是通过在线搜索找到这本书的；或许你的同事、朋友或老板把这本书递给你，因为他知道你喜欢视觉化思维。无论如何，你现在的的确确捧着这本书，而且和大多数决定学习数据可视化的人一样，你可能会问："我该如何开始？"

㊀ 由于此处提到的这本书标题很长，为方便读者阅读，之后再提到这本书，简称为《好图表》。——译者注

当我就数据可视化进行发言或带领工作坊时，观众们很容易因我所展示出来的改变而感到振奋，而且他们明白了《好图表》的核心论点——一个好的图表不在于它多么漂亮或者多么符合某些制图规则，而在于它们如何与使用的背景相适应，并以此有效地传递想法。但是，这种鼓舞可能只是短暂的，许多人一想到要自己动手，就感到“压力山大”，不知所措。他们便问我：“我该如何开始？”

就从这里开始。

举个例子，多年来我一直想学吉他。当我看到朋友弹吉他或听到歌曲里动人的吉他旋律时，那股学吉他的动力就会涌起。但我从来没弹过，因为我也有同样的恐惧：不知道从哪里开始，或者说，不知道该怎样开始。最终，受到女儿的鼓励，我决定开始学弹吉他。我的女儿拿起吉他后，她很快就学会了。至于我，在一本练习册的帮助下，我首先学会了辨别音符；然后，音符变成了和弦；最后，我又学会了扫弦方法。不久后，我就能弹几首简单的曲子了，比如鲍勃·马利（Bob Marley）的《三只小鸟》和埃塔·詹姆斯（Etta James）的《我宁愿失明》。通过练习，我的弹奏技能一直在提升，会弹的曲子越来越多。尽管我永远不可能成为一名乐器大师，但可以通过自己的方式练习。事实上，学习并不像我想的那样要花很长时间，也不像我担心的那样让人望而生畏。我只需要迈出第一步。

本书提供了一些观点和练习，能帮助你实际操练数据可视化技能。它们就像是图表的音符、和弦和扫弦方法——掌握了这些基本的概念和方法，你很快就能演奏简单的曲子了。这本制作手册将帮助你理解为什么有些图表的制作方法有效或无效，并促使你开动脑筋，想一想如何处理图表制作中的各种挑战。本书还会帮助你检验自己的想法，并提供针对每项练习的讨论，帮助你塑造思维，以具有数据可视化素养。它为你构筑了一个基础，让你能像现在的我从 G 和弦熟练地切换到 D 和弦一样，游刃有余地制作优秀的图表。

我需要什么

让我们先从基础工作做起吧。制作好图表，前期所需要的大部分工作都不是数字化的。在开始数字化操作之前，我制作的图表往往已经完成了 90%。为了充分利用这本制作手册，你需要：

白纸　如果你像我一样习惯快速、杂乱、大面积地画草图，那么，多准备几张纸，将会很有帮助。我不喜欢在画草图时觉得受限制，所以，把纸摊开在桌子上是有益之举。额外的白纸还可以让你与他人一起探讨习题，或者在一段时间过后重新审视它们。

彩色铅笔　我建议你在画草图时只使用其中的几种，比如，一支黑色的、一支灰色的以及两支彩色的。（我经常使用橙色和蓝色，但选择哪种并不重要。）让这两种颜色形成对比色会很有帮助，这样你就有一些基本的工具来显示互补变量（它们可能用不同饱和度的同一种颜色来表示）和对比变量（它们绝不能用看起来像是同一类型的色彩来表示）。我发现，当图表中有太多种颜色时，我会把注意力更多地集中在优化其配色方案上，而不会聚焦于快速勾勒的、蕴含创意的画草图的全过程中。不过，一旦我开始制作原型，并且试图画一张切实可行且整洁美观的图表草图时，我就喜欢添加颜色了。有了这本制作手册，你可以在画草图的同时创建原型。如果你有大约10支彩色铅笔，这就很好了。

精力　当你累了或者没有心情的时候，攻克这些难题将是一项艰巨的任务。有时候，在我把工作任务暂时放在一边之后，脑海中反而浮现出很好的创意，于是我能以一种更好的心态重新开始工作，难以捉摸的解决方案似乎一下子出现了——任何做过填字游戏的人都明白这种现象。当你把一条让你心烦的线索暂时放在一边时，答案突然间变得显而易见。数据可视化也是如此。

这本制作手册的构成

这本书包含两个核心部分。

第一部分：建立技能

本部分的每一章都包含以下内容。

- 某项数据可视化技能的简要介绍，包括六条指导原则；
- 一段热身练习，包括几道用来强化你对上述指导原则理解的小练习；
- 三个核心练习，每一个都包含更具综合性的任务，涉及好几条或全部指导原则。

第一部分中的练习是根据这部分内容着重培养的技能来组织的。它们的范围有限，因为它们并不要求你凭空创造。在许多情况下，我将为你提供一个或多个背景。这些练习专为你而设计，让你一次只专注于一项技能。你可以翻出书中的任何练习（无论是热身练习还是核心练习），然后试一试，就像翻看填字游戏集并选择任何一道难题来做一样。不过，在你接受挑战之前，阅读章前介绍，想一想那些指导原则将会是有益之举，注意勾画这些指导原则中的重点。一切都源于那些原则，所以，如果不经思考，你就很难进入正确的思维模式。

虽然你不必按顺序来处理这些练习，但本书确实遵循着一个大致的逻辑顺序，从更基本的技能（颜色、清晰）到更复杂的技能（说服、概念化的图表）。尽管这不是一种硬性的教学方法，但你可能会发现，循序渐进地学习是有帮助的。

严格遵照顺序来做每一个热身练习和完成每一个练习，你会发现一段关于它的讨论，包括我是如何解决问题的。我有意不把这个部分称为"答案要点"，因为我不认为自己有这些练习的正确答案。你制作的图表可能与我的完全不同，但同样有效甚至更有效。我承认，有时我对自己的最终方法并不满意，或者也会谈谈为达到目标我所做的妥协。没关系，这也完全正常。制作好图表，几乎都需要我们做出取舍。书中"讨论"部分的目的不是告诉你答案，而是告诉你我的想法，以有助于引导你的思路。

第二部分：制作好图

第二部分提供了两个更为综合的练习，这些练习需要你用到第一部分中介绍的多种技能。这两个练习引用了《好图表》一书中"交谈 – 画草图 – 创建原型"的框架，而且比之前的练习涵盖的范围更大，答案也更开放。我建议你先将这两道习题放在一边，直到你尝试着完成一些建立技能的练习之后，再来做它们。

就像“建立技能”一样，“讨论”也体现了我在尝试处理这些大型练习时的思路。

除了这些主要部分，你还可以向附录寻求帮助，以协助你制作好图表。本书使用了各种各样的图表，并且揭示了可用于描述数据可视化的单词和短语，比如“铺展开”(spread out)、“一部分”(a portion of)、“分布式的”(distributed)，等等，在特定情境中，它们暗示了某种图表类型。为此，本书的附录还包含一些参考资料，展示了不同的图表类型、相应的使用情景以及相关联的关键词。(这些材料也出现在最初的《好图表》一书中。)在你讨论和画草图的过程中，这些参考资料是很好的工具。只要用得上，请尽情翻阅那些图表类型、使用情境，并记下相关的笔记吧，哪怕把书的封底磨破，也没关系。

我该怎样使用这本制作手册

首先，我强烈建议你不要跳过练习部分，也就是说，不要看到某个练习就立即跳转到随后的“讨论”环节看我是如何处理的。这本制作手册的首要目的是帮助你自主思考数据可视化问题，不要因为先看了别人的方法而使你的方法产生了偏差。不许偷瞄！甚至，如果你需要，可以把“讨论”这部分内容撕掉，先放到别的地方去。

建立与技能相关的练习较为聚焦且有限，但如果你愿意，可以拓展它们。若是你正在做一个关于制作清晰图表的练习，但发现自己还有机会锻炼一些色彩运用的技能，那就去做吧。你想为练习创建一个新的背景，然后制作相应的图表吗？尽管去做吧。在“讨论”环节，你将会发现，来自不同章节的想法和点子可能出现在任何一个练习中，原因便在于这些技能不是彼此孤立的。有时候，你想到了一些关于怎样着色的点子，但颜色运用不恰当的话，会使图表的清晰度受到影响。还有一些时候，一个旨在说服他人的练习，或许需要你明智地选择图表类型。所以，尽你所能，运用你所学到的一切。

许多“讨论”的内容包含了精心设计的最终图表，但你不要以为在这个环节上的图表就是完美的。在大多数情况下，不论是草图、纸上的原型，还是已经接近最终图表的非常简洁的草图，只要你想做到哪一步，就做到哪一步。想出一个好主意，学会了一种好方法，你就得到了制作最终图表所需的材料。如前文所述，为制作一个好图表，大部分的工作都在应用软件工具制作最终图表之前。当然，如果你想提高你的制作与设计技能，那也无妨，尽管去做吧。

数据和工具

数据

本书中的有些图表显然是真实的，还有一些是基于真实的图表，我对此做了很大的改动，无论是在主题、数据值、颜色和标签上，还是在其他各种元素上。我之所以这么做，有时是为了保护专有数据，有时是为了使练习变得更难一些，还有时是为了改变背景信息。

在哈佛商业出版社的许可下，我收录了《哈佛商业评论》和HBR.org网站上的一些图表。有时候，这些图表被反向设计为较差版本的最终图表。这只是为了学习。杂志和网站出版的图表都是优秀的；那些经我调整和更改后的版本，并非作者或《哈佛商业评论》的意图体现。

本书还包括一些很糟糕的图表，它们或在设计过程中存在一些重大缺陷，或是稍显混乱。将有一定缺陷的东西呈现在你面前，可以为你创造学习和改进的机会。需要注意的是，尽管其中的一些图表并不理想，但与现实还是相符的，而在这之中，它们使用了我在现实中、网络上以及我在帮助他人时常常遇到的数据可视化方法和技术。

工具

接下来我该怎样开始？我最常听到的问题是：我该使用什么工具？

答案复杂得令人苦恼：没有哪个工具能够很好地用于数据可视化。现在，我们时时刻刻都拥有数十种乃至上百种工具，而且网络上不断推陈出新。它们都能很好地发挥作用，但是，没有哪个工具能把每件事都做得很好。更加全面、功能更加强大的工具（通常是为数据科学家准备的），意味着其学习曲线比那些免费或需要小额费用的在线工具的学习曲线，要陡峭得多。

我经常使用的工具有 6 ～ 8 个，每隔一段时间，我就会重新评估网上的工具。我希望，在不久的将来，我们能为并非数据科学家的人们提供好的工具，让选择工具变得更简单。我也看到了一些正在研发中的工具，它们看起来有着很好的发展前景，但是，离真正付诸应用还很遥远。

只要你知道自己要制作什么样的图表，就在网上搜索相关关键词。试着使用一些工具，了解你用得最得心应手的是哪些，把喜欢的收藏起来。记住，没有什么工具比纸和笔更好。通过交谈和画草图，你离一个好图表就已经不远了。

我还建议你运用另一类可以任由你使用的“工具”：你的朋友。如果你认识一些优秀的数据牧人[㊀]（data wrangler）和设计人员，或者你的公司聘用了他们，那就发挥他们的作用。我有一个由朋友和同事组成的“私人智囊团”，我依靠他们帮我处理复杂的数据并设计练习。数据可视化是复杂的，这理应是一项团队活动。越来越多的组织正在建立团队以解决重要的数据可视化问题。将主题专家、数据分析师和设计师放在一起，就可以显著地提升你的数据可视化能力。

还有一个可能对你有帮助的工具，是我在制作（及再制作）本书图表时的工作流程。尽管我基本上是独立工作的，但我也的确需要一些人来帮助我，你可以想象，我会在这个流程中的什么地方引入他们的帮助。

1. 我在 iPad Pro 上使用了一个名为 Sketches 的应用软件来做

㊀ 数据牧人是指这样一类人：他们能够得心应手地处理和操作数据并使之可视化，同时能够与课程专家协作，参与课程设计方面的工作。——译者注

笔记、画草图和创建原型。这是我的“纸和笔”。

2. 这个项目的数据主要存储在 Excel 或 CSV（逗号分隔值，一种文件格式）文件中，我在其中创建了典型的 Excel 视图，以便在脑海中对数据形成一些初步的印象。

3. 我将这些数据导出到一个名为 Plot.ly 的在线工具中，以改造初始的 Excel 图表，并且在那里进行操作。我还从 Plot.ly 中导出了图像，对这些图像，我可以再将其导入 Sketches 中进行标记和讨论。

4. 我还使用了 Plot.ly 的工作空间，以创建所有来自画草图环节的数字原型。这些原型一般未在这里展现，因为许多极为相似，无法体现出特别大的改变和进展。对我来说，在优化图表的过程中生成 10 ～ 12 个非常相似的原型，并不是件稀罕事。

5. 当我的数字化原型接近完成时，我从 Plot.ly 工具中导出 SVG 文件，然后将它们导入绘图软件 Adobe Illustrator，在该软件中，我为排版、颜色和其他设计标准设置了模板。正是在这里，我不断地优化着设计。

分享与交流

最后，我很乐意看看，通过“讨论 - 画草图 - 创建原型”框架，你所创造出来的图表。为此，我创建了一个电子邮件地址（GoodChartsBook@gmail.com），你可以将你的图表，包括前期的、后期的或两种，都发送到这个邮箱。成为一名优秀的图表制作者，部分在于首先学会使用好图表。欣赏别人的作品可以带来很多灵感，而且分享是数据可视化社区的核心理念。即便如此，有的时候，分享也会招致不必要的批评。数据可视化社区可能过于挑剔，但批评并不是我们在这里讨论的目的。没有获得你的允许，我永远不会公开批评你提交给我的任何东西。

好的，你准备好了。用好这本制作手册吧。在它的上面写下注释；突出显示你认为的重点；用记号笔来标明；复印你认为应当复印的内容；做好笔记；在笔记本上写下你的想法、你最喜欢的方法、你认为有效的配色方案，以及你特别喜欢的图表类型，也可以批评我在“讨论”中阐述的内容。简而言之，讲究策略地使用这本制作手册，但你要真正地付诸实践。你可以随时回看本书，以寻求灵感或查阅资料。我希望在你读完之后，它将成为独属于你的一本书。

第一部分 建立技能

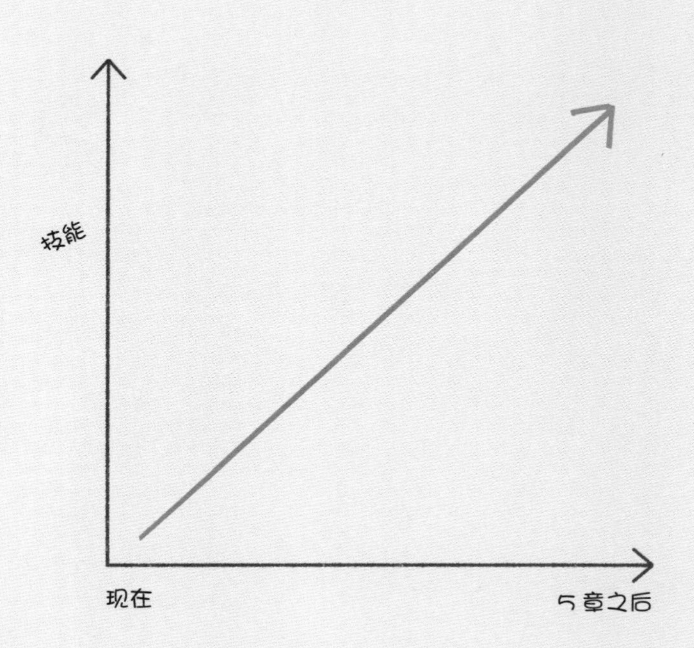

第 1 章

控制颜色

Chapter 1

“有些颜色彼此调和，另一些只会彼此冲突。”
——挪威画家爱德华·蒙克（Edvard Munch）

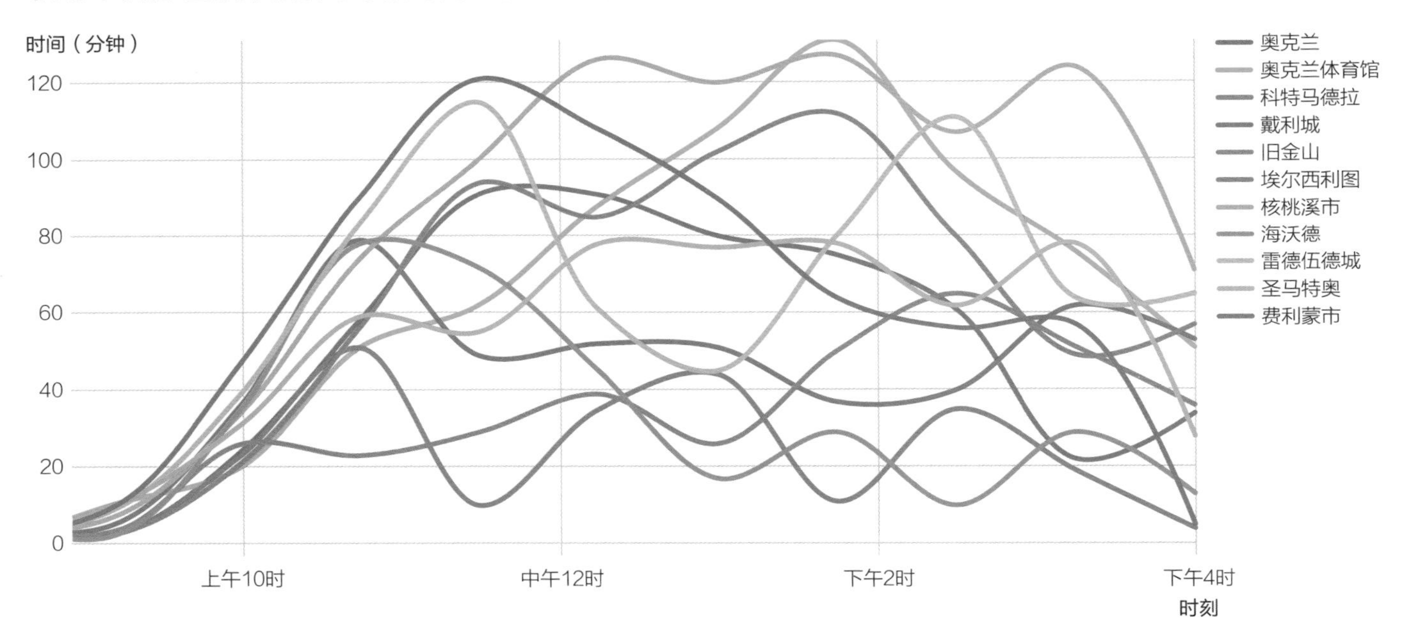

如果你有时间只专注于改进图表中的一件事，那就选择改进颜色。大多数软件无法直观地挑选与你的背景匹配的颜色。软件不可能知道如何对变量进行分组，比如哪些是主要变量，哪些是次要变量，哪些是互补变量，哪些是对比变量。因此，软件往往给每个变量随机地分配一种颜色。如果颜色使用得极其不符合逻辑，你制作出来的第一张图，可能会像上面这个图一样乱七八糟。

这并不好。我们的眼睛在看到 5 种或 7 种颜色之后，大脑区分和记忆颜色的能力就会下降。大多数图表一开始就颜色过多。你的职责是辨别你需要的颜色，然后只使用这些颜色。

你不必成为一名熟悉色彩理论的专业设计师，也能搭配好颜色来制作好图表，只要遵循以下几个准则。

1 少用　坚持用最少的颜色来表达你的想法。这类似于约分：有时，当一个分数明明可以用 2/3 来表示时，我们却将它显示为 10/15。同样，当我们只需要 2 种或 4 种颜色时，我们可能使用了 8 种颜色。想办法用同样的颜色来将图中的数据项分组。

2 使用灰色　灰色像是你的好朋友。它与白色背景的对比度较小，给人的感觉是高对比度颜色背后的“背景信息”，它不像更显眼的颜色那样吸引眼球。在许多图表中，你可以使用灰色来表示软件自动分配的主导颜色。

3 互补或对比　当变量本质上相似时，使用相似或互补的颜色。当变量本质上对立时，使用对比的颜色。看图者会进行简单的联系：把相似的东西放在一起，反之亦然。这听起来太明显了，但是请记住，软件并不懂得这些。如果我们的 8 个变量都涉及不同年龄的男性和女性，软件就会给它们分配 8 种不同的颜色。我发现，我可以想办法为每个性别之中的变量使用互补颜色，并且在两性性别之间的变量使用对比颜色，比如 4 种绿色色调和 4 种橙色色调，两个色系，这会使图表更加清晰。

4 以变量为主 文本、标签和其他不属于传递数据信息标记的部分，最好使用黑色或灰色（或者黑色背景上的白色），只有少数例外。有时，用相同的颜色来表现标签与线条间的关联会很有帮助，但着色要审慎。一般来说，给文本着色，作为装饰，会分散看图者的注意力。

5 考虑怎么配色，而不是配哪种颜色 你可能一直在想着使用哪种颜色，但这远没有你怎么使用颜色重要。了解背景与主要信息、互补和对比变量，以及如何改变颜色的饱和度，比仅仅选择你喜欢的颜色或者你的品牌经理希望你使用的颜色，能让你做出更好的选择。

6 专业提示：考虑色盲 如果看图者中有各种色觉缺陷的人，那么，好图表的力量就会丧失大半。多达 10% 的男性是红绿色盲，1% ～ 5% 的男性是其他类型的色盲。色盲者可能认为两种颜色实际上是一样的。不过，好消息是，类似于 Coblis（参见 http://www.color-blindness.com/coblis-color-blindness-simulator/）和 Color Oracle 这样的工具，使你比以往任何时候都更容易发现，你的图表在那些色盲者看来是什么样子。我经常匆忙中忘记检查对色盲者来说也保险的配色方案，但我会努力做得更好。这本书中每一个不是故意设计得很差的图表，都经过了这样的检查。

如果你考虑了这些指导原则，并且理解了图表使用的背景，你就可以将杂乱无章的色彩转化为连贯有序的色彩。

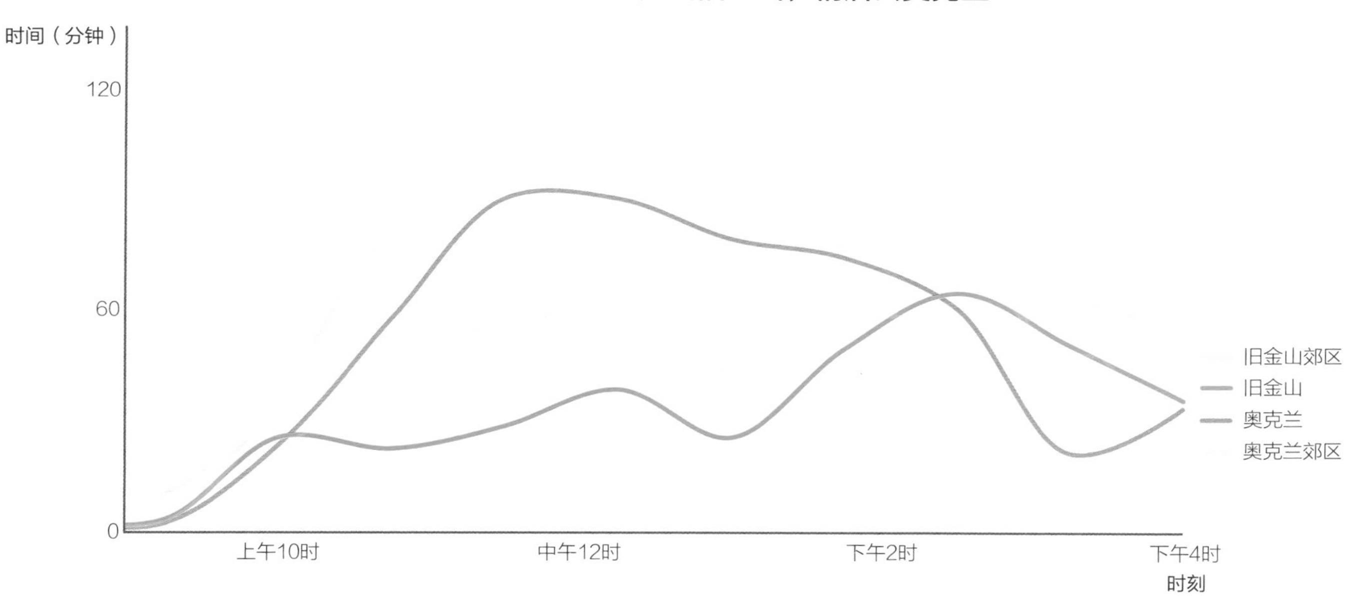

下面的练习专为帮助你提升色感而设计。请根据每个图表的提示，重点关注如何改进颜色的使用。对于这些练习，不要担心形式，只考虑与颜色使用相关的标签、值的范围、标准惯例和其他考虑事项。

热身练习

1. 在条形图中，你想要显示年长男性和年轻男性之间的比较以及年长女性和年轻女性之间的比较。你采用哪种配色方案？

A
- 20岁以下男性
- 20～40岁男性
- 40～60岁男性
- 60岁以上男性
- 20岁以下女性
- 20～40岁女性
- 40～60岁女性
- 60岁以上女性

B
- 40岁以下男性
- 40岁以上男性
- 40岁以下女性
- 40岁以上女性

C
- 20岁以下男性
- 20～40岁男性
- 40～60岁男性
- 60岁以上男性
- 20岁以下女性
- 20～40岁女性
- 40～60岁女性
- 60岁以上女性

2. 在散点图中，你希望显示 4 支销售团队的业绩分布情况，但你的目标是突出欧洲销售团队相对于其他所有团队的业绩。你采用哪种配色方案？

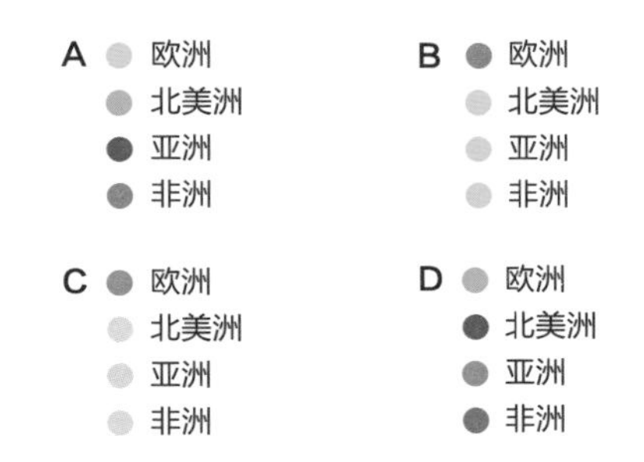

3. 你想比较午前和午后的销量。请为叠加条形图制订一个配色方案。

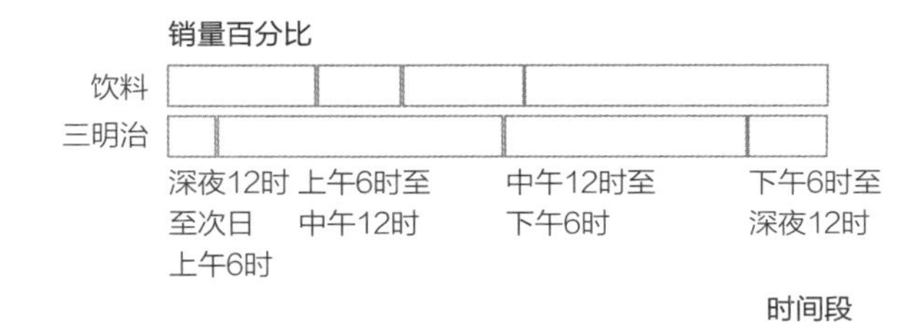

4. 你想展示李克特量表中的选项，从“强烈赞同”到“强烈反对”。将下面的每个调查问题与最适合描述该问题结果的配色方案配对。

（1）请评价你对这一陈述的看法：我已经准备好迎接改革这家公司的挑战。

（2）请评价你对这一陈述的看法：我们的领导者已经准备好迎接改革这家公司的挑战。

（3）请评价你对这一陈述的看法：我相信公司的战略。

5. 在折线图中，你将 4 个价格趋势与 1 个平均趋势进行比较。你想向看图者展示低于平均价格趋势的两条线。你认为用什么颜色来画平均趋势线比较好？

A　与低于平均趋势线相似的颜色，表明与平均线相比

B　一种与低于平均趋势线形成对比的颜色，突出显示这两条线

C　黑色，相对于四条趋势线，它是中性的

D　灰色，这样它就足够明显，可以用来做对比，但不占主导地位

6. 在一个关于汽车制造商的图表中，有很多变量。将它们分组，以减少使用的颜色数量，并指定一个配色方案。找到一种只需

两种颜色的分组方案。

美国汽车公司
奥迪
宝马
别克
凯迪拉克
雪佛兰
克莱斯勒
雪铁龙
达特桑
道奇
菲亚特
福特
本田
马自达
梅赛德斯
水星
尼桑
奥尔兹莫比尔
欧宝
标致
普利茅斯
庞蒂克
雷诺
萨博
斯巴鲁
凯旋
大众
沃尔沃

7. 从这个图中找出 4 个地方来消除颜色。

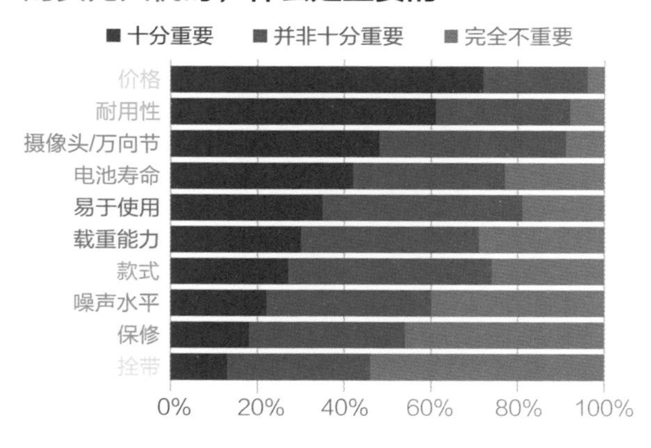

8. 为上面的叠加条形图设计一个替代的配色方案，使之有助于看图者关注购买无人机的重要因素。

9. 找到一种合理方法来减少这个叠加区域图中的颜色数量。

12种常用的机器学习方法

这些方法通过对为期4年的1 150余篇研究论文的分析后确定

占全部研究论文的百分比

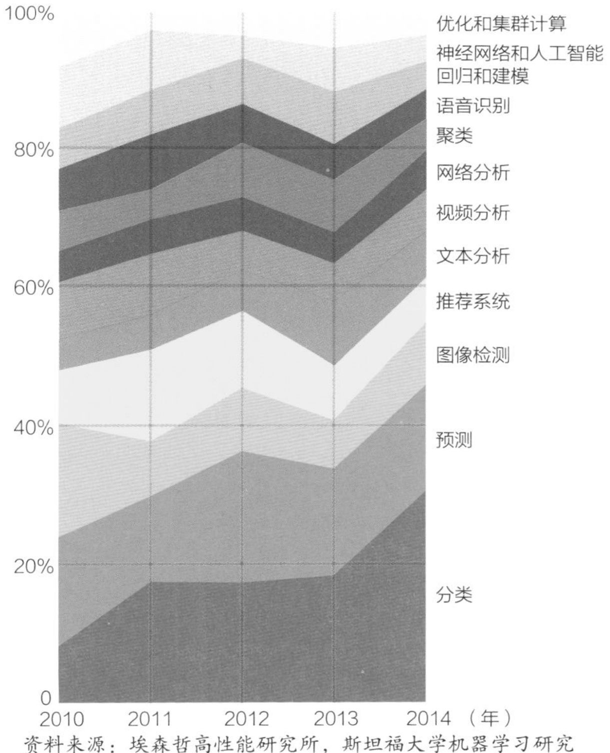

资料来源：埃森哲高性能研究所，斯坦福大学机器学习研究论文数据库的分析。

10. 这种颜色的使用有什么问题，你该如何解决？

你最喜欢什么颜色

讨论

记住，接下来的内容，不一定是正确的答案，只是一个答案而已。在这些热身练习中，你可能已经想出了其他方法来改进颜色的使用，但是，这些讨论要点将会强化你在图表中正确使用颜色的感觉。

1. 答案：B　该图表的背景着重关注年轻和年老的二元比较，因此，我们将每个性别缩小为两组，即 40 岁以下和 40 岁以上。我们给两组男性分配相似的颜色，给两组女性也同样分配相似的颜色。8 个变量变成了 4 个，因此，条形图中的条数更少了，并且只有两种颜色。很明显，答案 A 使用了太多颜色，这将淹没条形图本身要表达的内容。当我们只需比较两种性别时，答案 C 的明暗模式坚持每种性别使用 4 种不同颜色，梯次饱和度也意味着不同的程度。这用来表示年龄是可行的，因为年轻组的饱和度较低，但它并不完全直观。

2. 答案：C　欧洲与其他大洲的对比，意味着我们希望看图者的目光直接投向欧洲。另一些变量的存在是为了与欧洲进行比较，但它们之间的区别并不重要。给其他任何一个洲分配主色，都会导致过分强调它，因此排除答案 D（四种不同的颜色会争夺注意力）和 A（两种不同的颜色组，尽管这些组的意义并不大）。答案 B 并不是不好，但是它把三个变量变成黄色，会引起看图者对这个集群的注意，而我们可以想见，这个集群在页面上的标记应当比欧洲多，因为它是三个变量的组合。通过将“其他”组设置为灰色，甚至可以不单独标记它们，而是仅仅作为一个称为“其他洲”的变量，我们就可以毫无疑问地得出结论：要将目光投向欧洲。

3. 简单，但是我们要遵循上下文：我们只需比较午前和午后的情况。条形图之间的白细线使我们能够看到颜色组中的子部分。其他可能奏效的方法包括：两端用浅色可以制造出“正午”相对于“清晨”和“傍晚”的对比，或者，两端用灰色可以表现出“午前”和“午后”指的是人们醒着的时候。

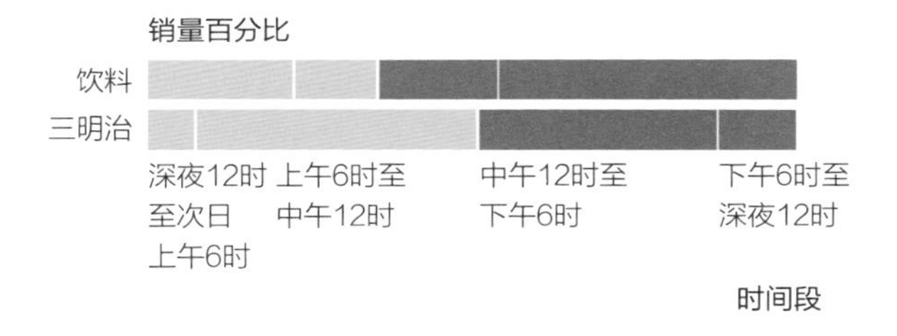

4. A—3　如果你想在两个方向上都表现强烈的感情，两端的对立色和中间的浅色效果很好。在这里，色彩的明暗体现了矛盾心理，色调则反映了积极与消极。

B—1　如果你想表现出积极的感觉（准备就绪），试着用一种从不饱和状态逐渐变至饱和状态的单一颜色。这里粉红色的深浅反映了受访者的准备程度。

C—2　如果你想表现出负面情绪（怀疑）的强烈程度，只需推翻之前的惯例，使单一的色彩从饱和状态逐渐变为不饱和状态。在这里，更深的蓝色反映更深层次的怀疑。

答案 B 和答案 C 之间的区别难以察觉。如果你把 B 看作问题 3 的答案，把 C 看作问题 2 的答案，也没什么问题。

5. 答案：C 或者 D　低于平均水平的趋势线应是主色调，因为这是我们希望人们关注的地方。同时，重要的是这些线相对于平均线的表现，所以，我们不希望它们盖过平均线。灰色可能太浅，深灰色也许行得通。如果我们选择 A 或 B，这会让看图者感到困惑。在这两种情况下，图表看起来都是集合中的另一个变量，而不是描述集合的平均线。

6. 我设计了两个分组方案，一个包含三个变量，另一个包含两个变量。颜色在三个变量的分组中形成了对比，因为每个变量代表一个不同的区域，而我希望容易地区分它们。第二个分组方案使用主色和灰色，因为不再生产的汽车在某种意义上是不活跃的（就像灰色一样）。

欧洲的　　仍在生产的汽车
美洲的　　不再生产的汽车
亚洲的

7.（1）标题。在这里使用颜色，无助于增加人们对“购买无人机时，什么是重要的”这一关键概念的关注。此外，对标题和“完全不重要”的值使用相同的颜色，似乎令人困惑和矛盾。

（2）类别标签。这些渐变的色彩是不必要的装饰，而且，这些颜色与视觉图表中的所有内容都没有联系。

（3）图例。让图例中的文字与它们所代表的内容颜色一致，有时这是有效的。不过这里，我们已经在图例中使用了色块，那么文字为黑色也无妨。

（4）x 轴标签。将这些百分比与变量的颜色联系起来令人困惑。毕竟，80% 的人不会投票“完全不重要”。一般来讲，标签不需要颜色，尤其是被分配到其他内容上的颜色。

8. 因为这些变量代表着重要性的下降（也就是说，某件事的重要性越来越低），所以我们可以用越来越浅的同一种颜色来表示这一点，使得最不重要的一组颜色饱和度最低。我们仍然能看到这三组，但也能很快理解重要性的下降，而且这种下降的程度比原来明显得多。

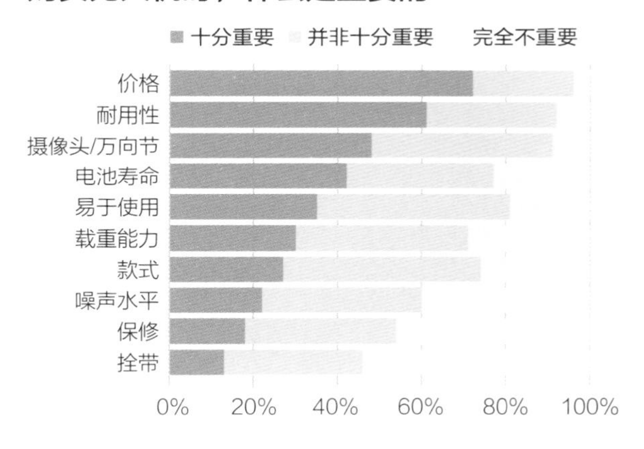

9. 叠加的彩虹状颜色看起来很有趣（我敢打赌，你在回答第 9 题之前就已经看过了），但是极其难用。各种颜色都在争夺看图者的注意力。这里可以创建任意数量的逻辑分组：最上面的三个类别作为一个整体，与其他一切（用两种颜色表示）进行对比；或者最上面的三个类别各有各的颜色，其他一切都是第四个类别；又或区域图中的上半部分作为一个整体与其他灰色区域形成比较。鉴于这是一道开放性练习，上述任何一项都将是一个很好的集群。我选择了将四个变量分成三个组，其中最大的组是主色调，其他的是不那么引人注目的灰色和棕黄色。这在不影响视觉的情况下确立了清晰的区分，并将人们的注意力吸引到图中占比较大的区域，即最常见的机器学习技术上。

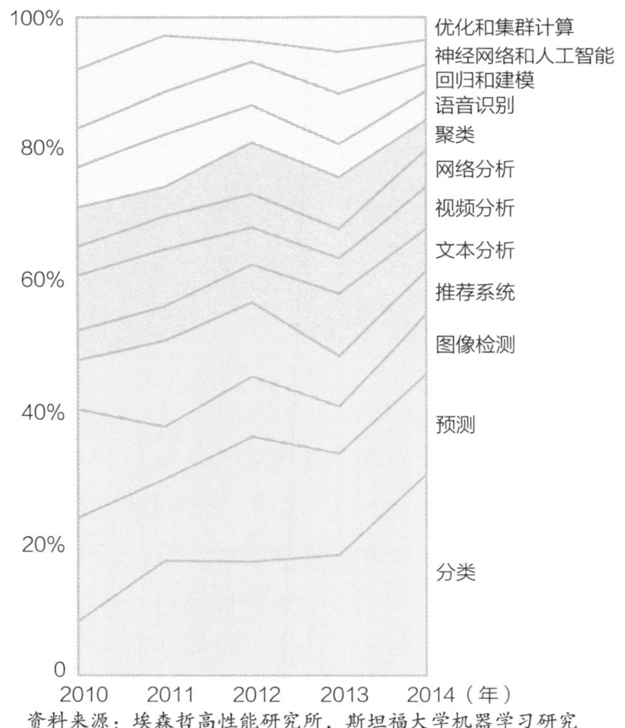

资料来源：埃森哲高性能研究所，斯坦福大学机器学习研究论文数据库的分析。

10. 虽然这个图表的简洁性值得称赞，但是，对于一位红绿色盲患者来讲，它看起来就像下面的第一幅图。最简单的解决方案是标记这些条块。但为了以防万一，我们可以添加交叉影线到两个部分，以创建几何上的区分，防止颜色混合。

你最喜欢什么颜色

我们如何消磨时光（%）

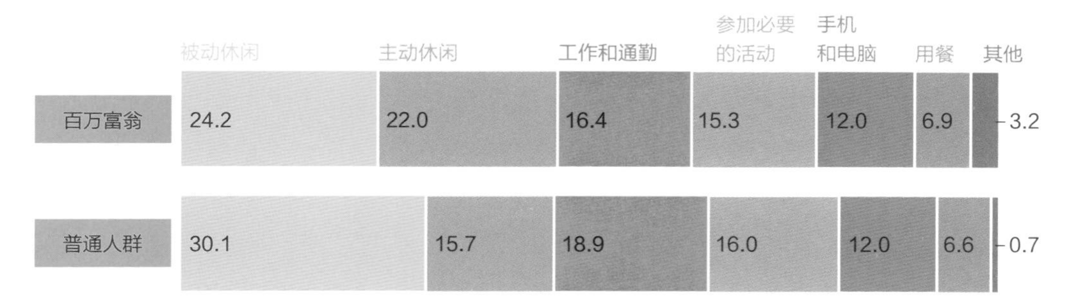

彩虹条形图

存在许多变量的图表，每个变量都有自己的主色，这不可避免地制造了彩虹效果。软件将为每个变量分配各自的颜色，而不考虑背景。彩虹确实很漂亮，但在图表中，它们通常有害。追踪每种颜色代表的含义十分困难，而且，所有颜色都同样需要关注。第二个叠加条形，再加上同样丰富多彩的颜色，使这张图表成为经典的养眼花瓶（eye candy）：很有吸引力，但缺乏“营养”。我们难以从中获得意义，因为它很难运用。让我们着手解决这一问题。

1. 找到最多三个你可以删除颜色的地方，不考虑图表的背景。

2. 想出一个办法，用更少的颜色对变量进行分组，但要保持有益的区分。

3. 你想和看图者讨论休闲时间。为这个背景设计一个配色方案。

4. 想办法保留七种颜色，但不至于产生让人无所适从的彩虹效果。

讨论

因为这些条形测量的是相同的变量，而且是并排放置的，所以，看图者会以为它们是用来进行比较的。那么，最好的办法是把颜色的使用只限定在你想要比较的地方。

1. 不考虑背景的话，你可以在以下三个地方删除颜色：主标题、条形标签（“百万富翁”和“普通人”）及变量标签。

数据的色彩已经足够丰富了。在文字中添加颜色，没有任何好处。事实上，在这个示例中，颜色使得主标题弱化。给条形标签添加背景色是一种设计选择，但它增加的是困惑而不是价值，它让标签也融入了整个图里，而不是变得显眼。标签几乎与另一个类别的数据相混淆。最后，将变量标签与它们的条形匹配似乎是个好主意，但在已经包含如此多颜色的视觉环境中，最好还是进行限制。

这是同一个图表，但去掉了三个地方的颜色。

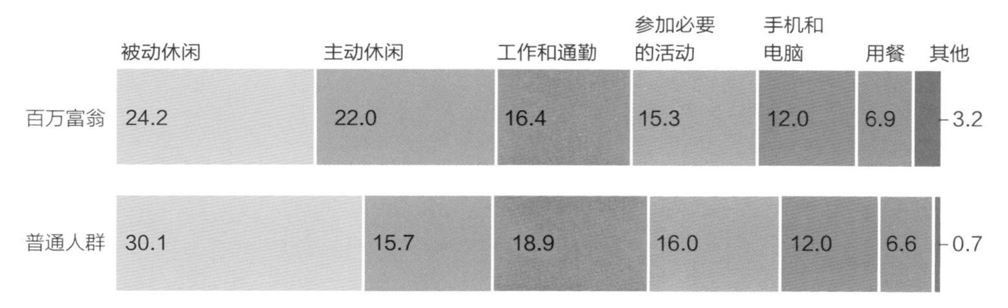

值得注意的是，这三次调整，在很大程度上使这张图变得宁静了许多。它依然是彩色的，但感觉更容易掌控。黑白对比，最为强烈，可以使主标题和标签突出。（附加一个与颜色无关的提示：将标签放置在两个条形之间，可以让标签更加突出，因为它们会与两个条形都相邻。）

2. 为了找到一个合理的分组，我必须考虑变量之间的关系。它们分为三组：休闲、工作和生存，加上我使用灰色来代表的“其他”，因为“其他”通常是一小部分你不想让看图者着重关注的剩下的数据。与其在这里考虑使用哪种颜色，不如确保这些组别颜色相异，以体现它们属于不同类别。例如，若是把工作和休闲弄成两种深浅不一的红色，那就意味着它们在某些方面是相似的，而实际上，它们是相对的。最后要注意的是，我将“参加必要的活动”和“手机与电脑”在条形中的位置进行了调换，以便对变量进行分组。由于软件会根据输入数据的方式自动排列图表，因此很容易忘记这种可能性。在绘制草图时请记住：仅仅因为软件以某种方式完成，并不意味着你必须按照软件去做。

我们如何消磨时光（%）

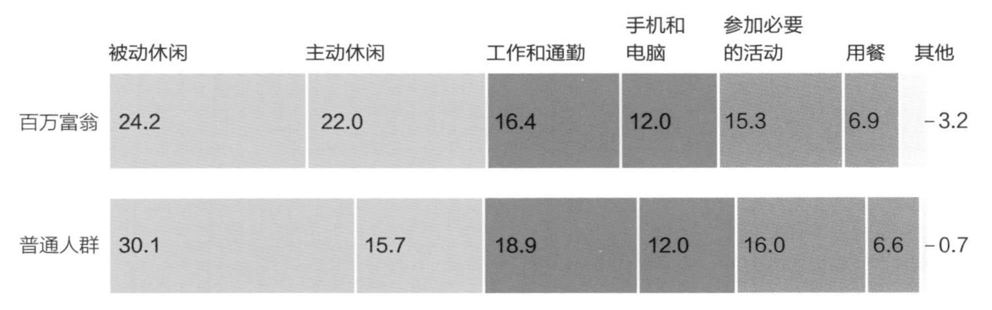

3. 在下面的清晰视图中，“休闲”是焦点，因此使用颜色来吸引眼球。有时，为了创建焦点，我首先将每个变量都变成灰色，然后开始添加颜色，一个变量接着一个变量添加，直到我觉得有足够的颜色来表达我的观点。在这里，我们不仅马上就能看到“休闲”这个变量，而且通过去掉图表其余部分的颜色，还制造了一种自然的二分法。我们看到的不是 7 个变量，而是两个：“休闲”和其他一切。此外，由于前两种活动都是休闲类型，所以相同颜色的两种色调会显示它们是互补的而不是对比的。被动休闲的色调更浅，因为它给人的感觉更柔和（不那么活跃），这将隐喻发挥到了极致。

如果两种休闲方式的色彩都较暗，但都是蓝色，也没有问题。对标签中的关键字进行颜色编码是一种修饰和点缀；这不是必要的，但在没有其他颜色的情况下，它不会与图表中的其他内容争夺人们的关注。

我们如何消磨时光（%）

	休闲	主动休闲	工作和通勤	参加必要的活动	手机和电脑	用餐	其他
百万富翁	24.2	22.0	16.4	15.3	12.0	6.9	-3.2
普通人群	30.1	15.7	18.9	16.0	12.0	6.6	-0.7

4. 这是一个艰难的挑战。我努力寻求好的解决办法。不管你怎么努力，让 7 种颜色同等重要，都有可能产生彩虹效应。为了使每个变量都是离散的而不会让人们感到无所适从，我在制作图表时给条形留出空白，只给其边框着色。我为值和标签添加了颜色，以加强联系。但我认为这种做法不是非常成功。首先，它增强了对值和标签的强调，使得人们将关注重点从条形中移开。如果我想让你们看到的就是数字和标签，为什么不做个表格呢？可视化的价值被削弱到近乎无用的地步了。我是在比较大小还是只在阅读数字？此外，由于对比度较低，看图者在白色背景下看其中某些颜色的内容会很吃力。

我之所以包含这个版本，是为了说明，有时候你想做的事情不切实际。你必须改变路线或做出让步。在这种情况下，仅靠色彩处理，可能无法在不让颜色淹没眼睛的情况下保持 7 个变量之间的区别。你得着手处理一些别的东西，比如形式本身——在以后的练习中你将遇到。

我们如何消磨时光（%）

	被动休闲	主动休闲	工作和通勤	参加必要的活动	手机和电脑	用餐	其他
百万富翁	24.2	22.0	16.4	15.3	12.0	6.9	3.2
普通人群	30.1	15.7	18.9	16.0	12.0	6.6	0.7

你有多大兴趣购买无人机

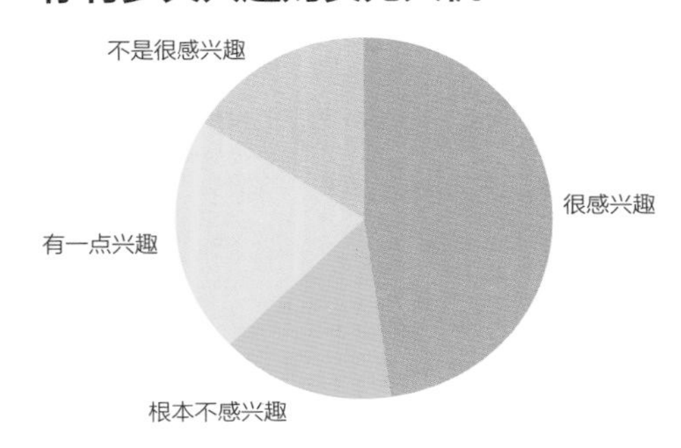

简单饼形图

首先我们来谈谈饼形图。它们不是魔鬼，你不会因为制作了一张这样的图而被送去监狱。但是，饼形图最适合进行 2 ～ 4 个部分的对比。当其中一个部分占主导地位时，例如，在整个饼形图中占据 1/2 或 3/4 的位置时，饼形图最有效。饼形图中如果出现了太多颜色的太多楔形块，会使得这些楔形块看起来相同，从而难以对比。由于饼形图很简单，我们常常花更多的时间来设计；毕竟，与散点图相比，我们不必对饼形图做过多处理。在这里，请尝试调整楔形块的颜色和数量，它们还是太多了。让我们着手开始吧。

1. 找出这个饼形图中有关颜色使用的两个问题。

2. 用新的配色方案重新制图。

3. 假设你想让看图者看到，对无人机感兴趣的人所占的比例。为这个新目标设计一个配色方案。

4. 假设你只想讨论 30 岁以下的受访者对无人机的兴趣。使用以下数据，用新的配色方案重新制作图表，使得人们将注意力聚焦在这个组：

	30 岁以下（%）	30 岁以上（%）
很感兴趣	34	14
有一点兴趣	14	7
不是很感兴趣	5	11
根本不感兴趣	2	3

讨论

这张图中的配色方案虽然看起来很简单，但没有多大意义，它似乎是任意的。它没有突出任何特定的分组或想法。有时候，营销部门在演示文稿中被迫使用公司规定的颜色，或者有人试图建立一种人为的关联时，就会出现这样的配色方案。假设这个图是关于香蕉的，那么使用黄色或许是一次聪明的尝试。最好的办法是考虑各个组的情况，并在此基础上使用颜色。

1. 这些颜色没有被合理地分组。我算了一下，这里有两组变量：感兴趣和不感兴趣。但在这个图中，较暗的黄色代表“很感兴趣”和“不是很感兴趣”，较亮的黄色代表“一点也不感兴趣”和“有点感兴趣”。色彩明暗的用法不太合理。

这些颜色的排布也不合逻辑。另一种考虑这 4 个变量的方法是把它们看成一个光谱，从“很感兴趣”到“一点都不感兴趣”。但是，饼形图在这个光谱中是跳跃的。如果我把 1 ～ 4 的 4 个数字用来代表“很感兴趣”一直到“根本不感兴趣”，然后顺时针地看（这是我们通常观看饼形图的方式），你会看到的数字的顺序变成了 1、4、2、3。

2. 感兴趣的组和不感兴趣的组是对比的，所以我使用不同的颜色。然而，每一组中的变量是互补的，所以我运用相同颜色的不同色调，用更加丰富的色调表示更极端的感觉，用不太饱和的色调代表更温和的感觉。

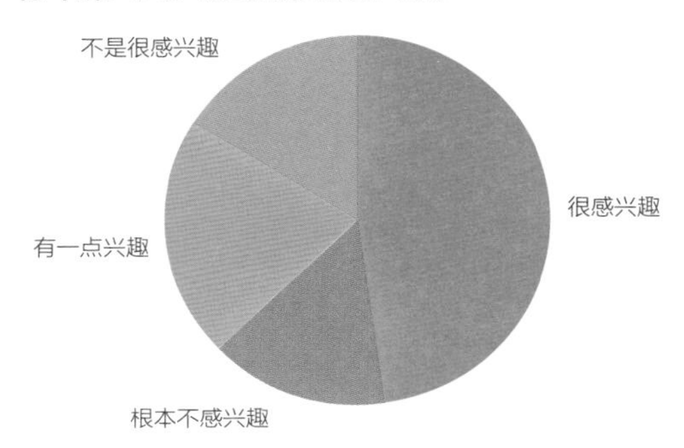

现在，逻辑顺序问题立即变得十分明显。我想把感兴趣的和不感兴趣的进行对比，当这些小组被分开时，对比就很难了。所以我重新排列了楔形块，如下图所示。

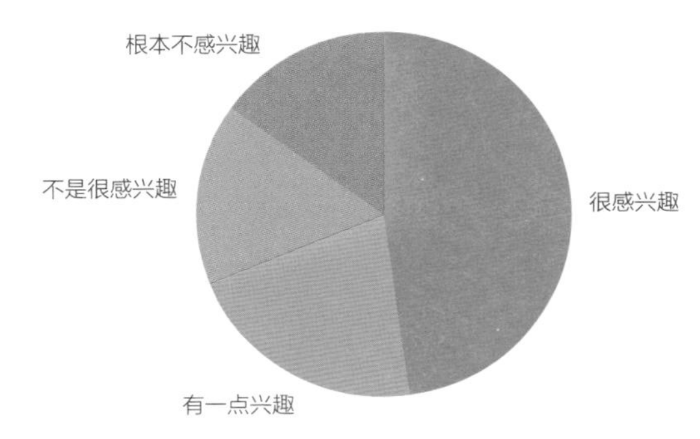

3. 从图表中删除信息，可以更直接地说明问题，因为它能防止看图者将注意力集中在错误的信息上。在这个图中，给“不感兴趣”分配二级灰色，并且消除标签，就是在向看图者发出信号，让他们把注意力

集中在对无人机感兴趣的组上。人们可以凭直觉知道其他楔形块代表什么，但这并不重要；这里突出的观点是 2/3 的人对购买无人机感兴趣。

你有多大兴趣购买无人机

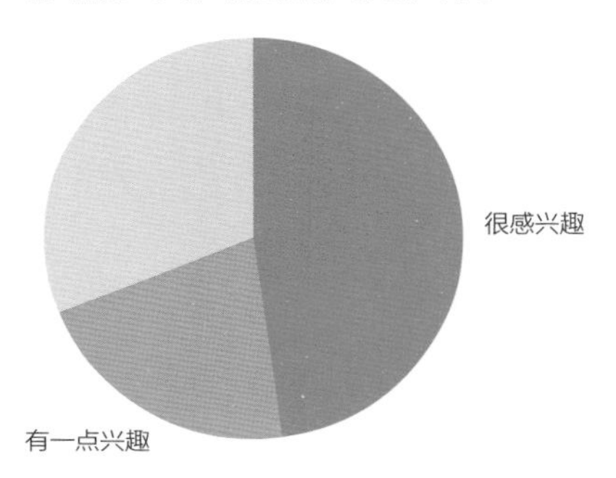

4. 起初，你可能尝试做一件最简单的事情，那就是用人口统计数据来划分饼形图。你不希望引入新的颜色或色调，因为这会制造 8 个不同的部分和颜色。我的第一次尝试使用了简单的分界线和标签。尽管这个图让我们看到了 30 岁以下的人们对无人机的兴趣，但并没有重点关注这些数据。看图者必须去寻找。

你有多大兴趣购买无人机

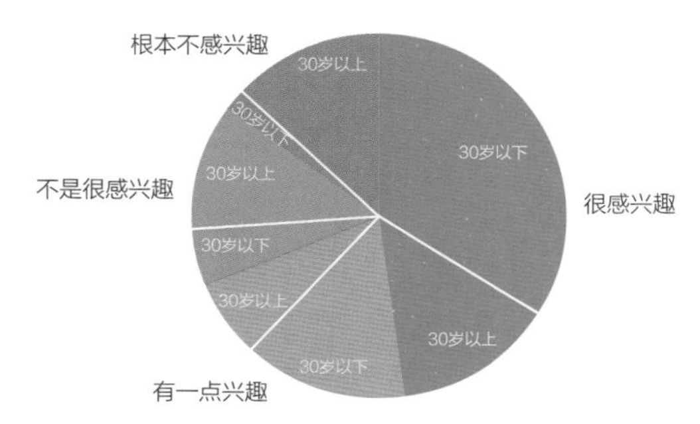

所以，你可以再次使用灰色来弱化 30 岁以上的受访者。这需要移动一些楔形块，使得代表 30 岁以下人群的楔形块相邻。新增加的副标题能确保看图者知道他们要聚焦的楔形块代表哪一群人；如果没有它，图中的颜色将令人困惑，看图者会想知道灰色的楔形块代表哪一群人。

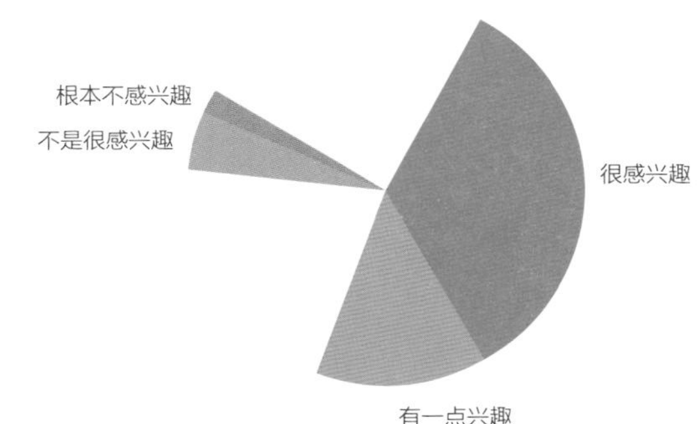

我喜欢在这张图中把楔形块放在相反的位置，以创造出一种真正意义上的“对比”。我很快就看到了压倒性的兴趣。

我看不太清楚的是所有 30 岁以下受访者的比例，因为灰色的楔形块将 30 岁以下群体的数据分隔开了。（我必须在心里把那些绿色的楔形块滑到粉红色的楔形块旁边，但这很难做到。）如果它在我的背景中是重要的，我可以改变它。

假如“30 岁以下受访者”的总比例很重要，那么这是另一种不错的方法。作为一种比较工具，我仍然更喜欢前一种方法，但要始终根据背景来决定使用哪一种方法。

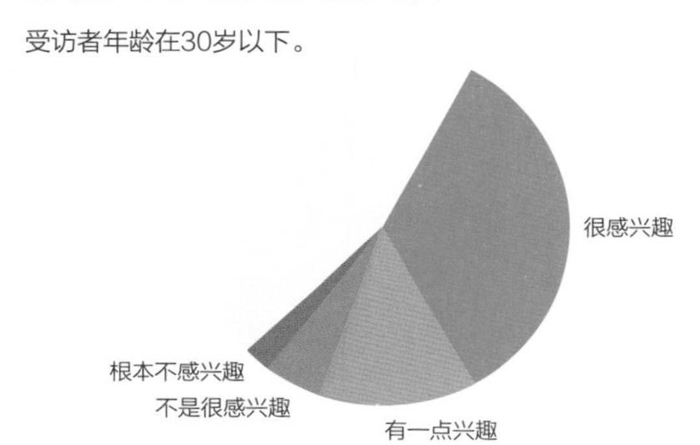

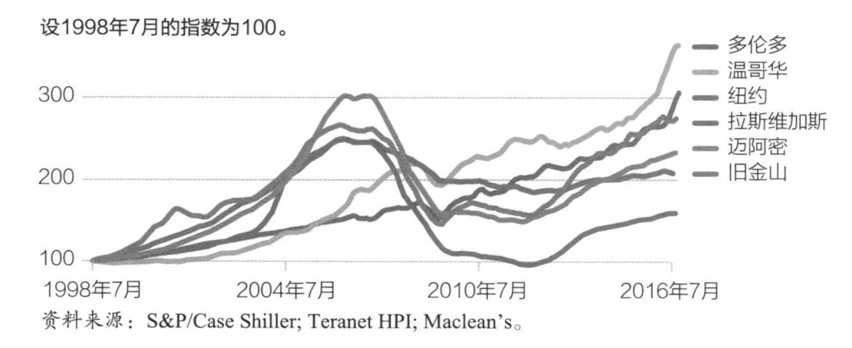

资料来源：S&P/Case Shiller; Teranet HPI; Maclean's。

缠线图

折线图在颜色上呈现不同的挑战，因为图中代表各个变量的曲线趋同、交叉，并且通常缠在一起。这些相互交叉的彩色线条造成了一团混乱，使我们难以用趋势线做我们想做的事情：追踪趋势。为了验证这一点，我们可以试着追踪上面这个图中“旧金山”的趋势。让我们来解决这个问题吧。

1. 制订变量的合理分组方案和针对该分组的配色方案。

2. 制订一个配色方案，帮助看图者关注加拿大的房价。

3. 制作这个图表的另外两个版本，运用颜色来引领看图者聚焦数据中的趋势。

讨论

如此多颜色的相互作用，将我们的感知从六种不同的趋势转变为一种总体趋势，然后再转向与之相背离的趋势，比如泡沫下方的两条线。如果我们不做一些准备工作，几乎不可能对趋势线进行比较。我们需要找到我们想让人们看到的趋势线，并且想一想哪些信息要突出，哪些仅作为衬托，应使用什么颜色与之对应。

1. 这里最明显（但不是唯一）的分组是按国家划分的，这将六种颜色减少为两种。和原版相比，我们在这里看到趋势线的能力，有着明显的不同。我们立即注意到，那些显眼的加拿大城市的趋势线稳步超过了美国城市的趋势线（主标题的改变反映了这一点）。还要注意，我们在这个图中删除了图例，并且使标签与趋势线相邻。这就消除了角落里的一小簇颜色，减少了视线的移动。现在我们不需要在图例和趋势线之间切换，以匹配它们所代表的城市的颜色。我原本可以给城市的标签涂上颜色，但这样做似乎无关紧要。如果线条靠得更近，迫使我不得不把各个标签紧紧贴在一起的话，给标签涂上颜色可能会有所帮助；但这里有足够的空间。

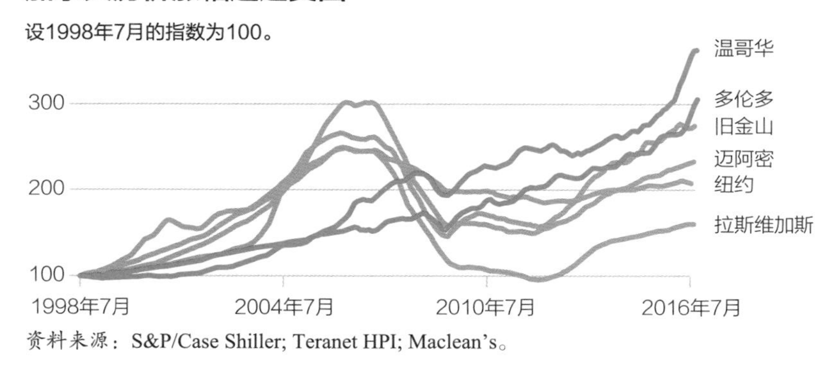

资料来源：S&P/Case Shiller; Teranet HPI; Maclean’s。

2. 粉色对蓝色的图能满足这个新的背景吗？也许可以。但蓝色确实制造了另一个焦点，而它也正吸引着你的注意力。将美国各城市的数据作为背景，便很容易解决这个问题：背景信息变成灰色。看图者的视线会转向有颜色的趋势线。这一次，我给标签用上了彩色，尽管并不是迫切地需要这么做。最重要的是，我们关注的是一种颜色。300 的那条绿色轴线提醒人们注意加拿大的房价上涨了多少：高于泡沫价！你可能很想用说明文字来做这件事，也就是说，写一个句子，用一个指示符来解释发生了什么。通常情况下，一条参照线加上颜色的巧妙运用，也可以达到同样的效果。总的来说，这张图表被人为操纵了，所以看图者不可能错过图中的要点：是时候谈一谈加拿大可能存在泡沫的房价了。

加拿大的房价：平稳增长还是出现新的泡沫

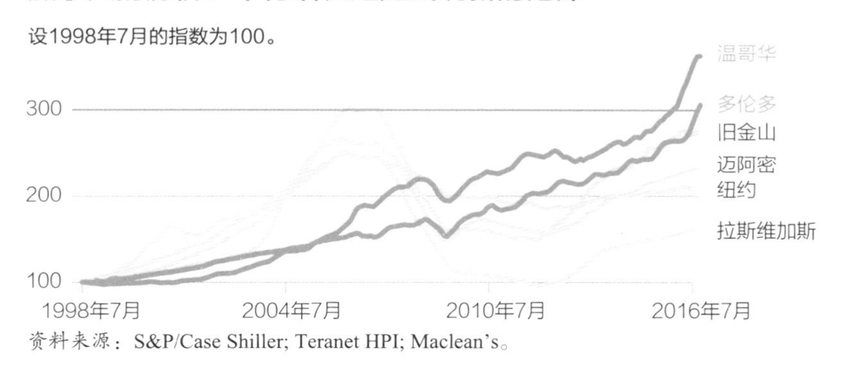

资料来源：S&P/Case Shiller; Teranet HPI; Maclean's。

3. 即使这个简单的线形图也可以突出展示各种趋势。你可以用两种颜色来比较东部城市与西部城市，或者沿海城市与内陆城市的房价情况。你可以突出显示最不稳定和最稳定的市场情况。我选择研究的两个城市与泡沫有关。

首先，我比较了两个经历了类似泡沫但复苏情况不同的城市的房价情况。它们的峰值相差不大，但如今却存在巨大的价差。这是在不同城市之间进行对比，所以我用了不同的颜色。我有理由把这里的其他城市的趋势线撤下，但是，保留了其他城市的趋势线后，我无意中发现了一个以前从未理解的洞见：拉斯维加斯的房价才是真正异常的，而旧金山的增长与其他城市的增长交织在一起。

泡沫相同但复苏情况不同

设1998年7月的指数为100。

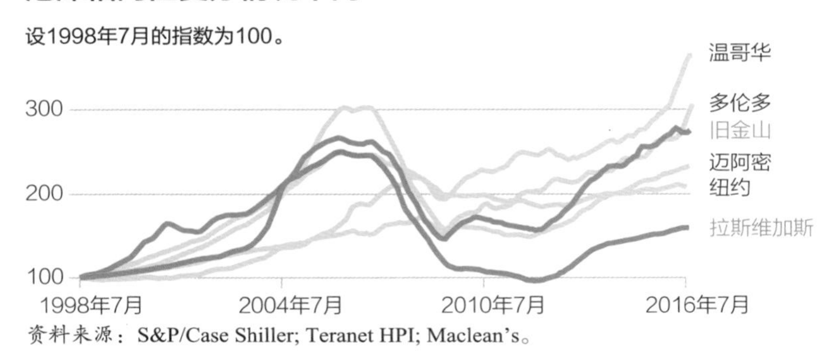

资料来源：S&P/Case Shiller; Teranet HPI; Maclean's。

其次，我决定使用与上一页中加拿大的房价图相同的方法来显示旧金山的房价再次出现“泡沫”的情形。那条简单的彩色参照线，将2016年的水平与泡沫联系了起来，让这个趋势清晰可见。其他的一切都是背景信息，你可以用灰色来淡化。

旧金山房价的泡沫再度浮现

设1998年7月的指数为100。

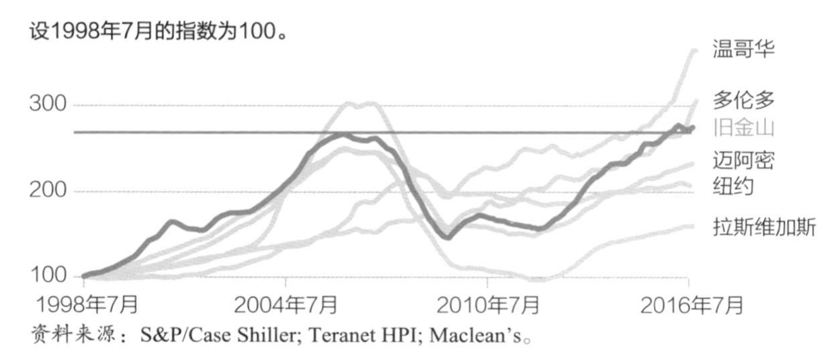

资料来源：S&P/Case Shiller; Teranet HPI; Maclean's。

第2章

为追求清晰而制图

Chapter 2

"对我来说，最大的美总在于最清晰。"

——戈特霍尔德·埃夫莱姆·莱辛

（Gotthold Ephraim Lessing）

如果你发现自己在使用说明文字来解释图表，或者，如果看图者要求你阐述图表的构成，又或者，有人看到你的图表后脱口而出“我到底在看什么？”（我有时会遇到这种情况），那么，意味着你的图表不够清晰。一份清晰的图表，在少量或没有干预的情况下，依然能传递其思想。它具有自明性，有时会产生一位数据科学家（如今是圣安东尼奥马刺队的一名高管）所称的“幸福点”——我们发觉自己立马就能看懂，无须思考。

这种感觉，与我们从前面提到的“养眼花瓶”中产生的感觉是不同的。所谓“养眼花瓶”，指的是看上去非常漂亮的图表，有着华丽的配色方案、华丽的形式和大量的数据。这些都很吸引人，但是，它能否让看图者产生洞见是不确定的。而“幸福点”能够产生瞬间的理解，它们甚至不必被做得漂亮。请对比一下：

养眼花瓶：

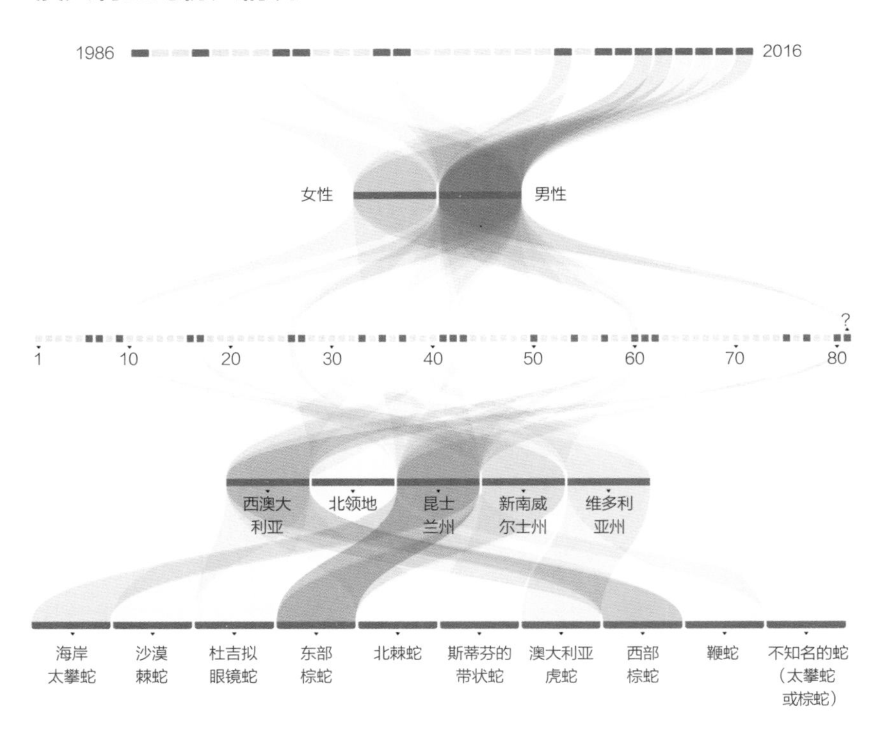

资料来源：Matt Gould, CC BY-SA 4.0, Https://COMMONS.WIKIMEDIA.ORG/W/INDEX.PHP?CURID=58876507。

幸福点：

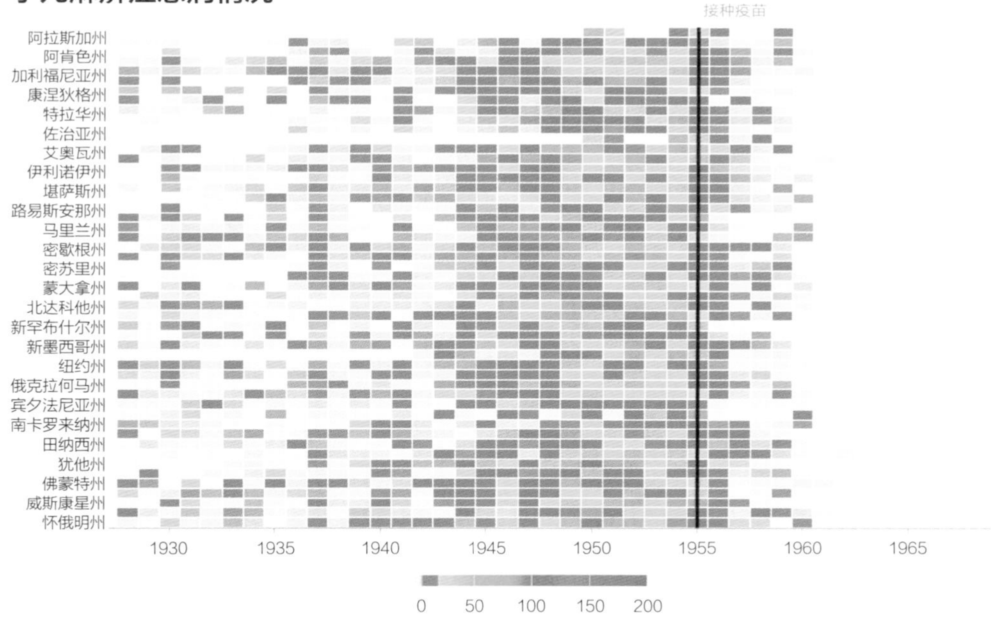

资料来源：经 Dow Jones Inc. 允许而再版，来自 Wsj.com,“Battling Infectious Diseases in The 20th Century: The Impact of Vaccines” by Tynan Debold and Dov Friedman; Permission Conveyed through Copyright Clearance Center, Inc.。

第一张图很漂亮，但我们得花些工夫才能弄明白。目前尚不清楚这些扭曲的带子除了吸引我们的注意力外还有什么作用，它们使我们更难弄懂它的含义。第二张图的观点，几乎是我们一看就会想到的。这就是你的目标。

有时候，简单有助于实现清晰，但简单的事情并不总是清晰，清晰的事情也不一定简单。要实现清晰，达到那些幸福点，需要的不仅仅是漂亮的颜色和稀疏而简洁的设计。如果图表上的每一个标记都让看图者停下来思考，决定在哪里集中注意力，并且挑战他们通常的思维方式，那么，这些都不利于清晰。你可以运用下面这些指导原则来实现清晰的设计。

1 消除图表上那些不必要的东西 想一想你图表上的每个标记，并且问你自己，*这对我表达观点是必要的吗？*例如，通常由制图程序自动生成的无关的轴标签和分散注意力的网格线，往往会留在图中。此外，不必要的颜色也会分散注意力。可以更大胆一些，如果你认为不使用变量也能表现你的观点，甚至可以尝试完全删除变量。

2 删除冗余 如果主标题上写着“销售与收入”，那就只是对轴线上的标签的重复。简单描述图表显示的内容说明，不会增加看图者对图表内容任何的洞察。如果有了代表美元或百分比的坐标轴，你不必在每个标签上重复美元或百分比的数学符号（即 $ 或 %）。在数据可视化中找出哪些地方的信息重复了，并且在保持清晰的同时尽可能多地从页面上删除冗余元素。

3 限制颜色和眼睛的移动 颜色很有吸引力，但会分散注意力。如果把吸引眼球的颜色分配给非核心元素，它们就会争夺看图者的注意力。把颜色想象成一个需要约分的分数。你想显示的应该是 2/3，而不是 12/18，为此，要对变量进行分组，并使用灰色作为上下文的辅助信息。图例和带有指示符的说明文字，将迫使看图者转移视线。让看图者首先看右下角的图例，然后将视线返回到图表之上，并且重复这个过程 3 ～ 4 次，这看起来确实是件微不足道的事，但其实是件大事。视线来回转移，或者沿着长线条一直看到标签，会明显降低看图的速度。信息离代表它的要素越远，视线移动的距离就越长。要使标签和说明文字始终靠近它们代表的可视化部分。在折线图中，我喜欢把标签放在它们所代表的线的末尾；它们为眼睛扫描提供了一个自然而然的停止点，而且不要图例。

4 了解人们怎样思考　大脑的工作原理是试探法，它会走捷径。在我们的头脑中，未来总在现在以后，也就是说，如果用图表来显示，未来就总在现在的右边。如果数值上涨，上涨后的数值在图上的位置一般高于上涨前的数值。此外，一般来讲，红色代表热、危险或坏，而蓝色代表冷或水，绿色代表好或安全。当你的设计与这些惯例相悖时，看图者就不得不努力克服它。想象一下，试着从右向左来看一条时间轴线，或者将纵轴线的顶部为标为 0，底部标为 100%，会是怎样的感觉。要尊重传统，并且利用它。如果某个趋势令人担忧，就把它标成红色。在图表上，要把更大的值放在比别的值更高的位置。最后，图的上方代表北方，下方代表南方。

5 描述观点，而不是结构　应使用文本、主标题、说明文字以及其他视觉标记来突出观点或见解，而不是描述可视化的体系结构。一个主标题，如果只是再次描述图表的形式，那它对于看图者的帮助，远不及那些通过暗示或明示，来澄清该图表为什么存在的标题。例如，比较一下“医疗保健支出与健康情况的分布图”和“更多的医疗保健支出并不会改善健康状况”。或者，比较一下“按年计算的经营亏损中值趋势线”和“亏损正在增加”。

6 专业提示：对齐所有东西　这条简单的指导原则在确立图表的秩序方面非常有效。一些图表产生的杂乱和模糊感，部分地来源于图表中的各个项目，自由随意地漂浮于整个视觉空间，或者轴标签以其轴为中心并倾斜；或者说明文字悬停在恰好有空白的地方。这些都是混乱感的来源。使用纵轴作为左对齐，确立第二个点来对齐说明文字和其他标签，混乱的感觉就会消失。

做到清晰并不容易，需要勇气。图表制作者倾向于把他们所有的东西都塞进图表中——各种变量、标签，以及各种各样的颜色。也许他们不确定图表的中心思想是什么；也许他们希望，图表上显示的所有数据能够向老板展现他们有多忙。这可能会让图表制作者感到安慰，但也会让图表难以理解，或者更糟糕的是，看图者无法理解。展示清晰的且只说明一件事情的图表，可能会让你一开始感到困惑，但是，看图者会感激图表清晰性的。

下面这些练习的目的是提高图表的清晰度。使用每个图表的提示，聚焦于消除混乱和杂乱的方法。不要担心形式，只考虑与清晰性相关的颜色、标签、标准惯例以及其他考虑事项。

热身练习

1. 你想使用折线图来展示三次预测中的逐年趋势，以下哪个网格图为该背景创造了最清晰的体验？

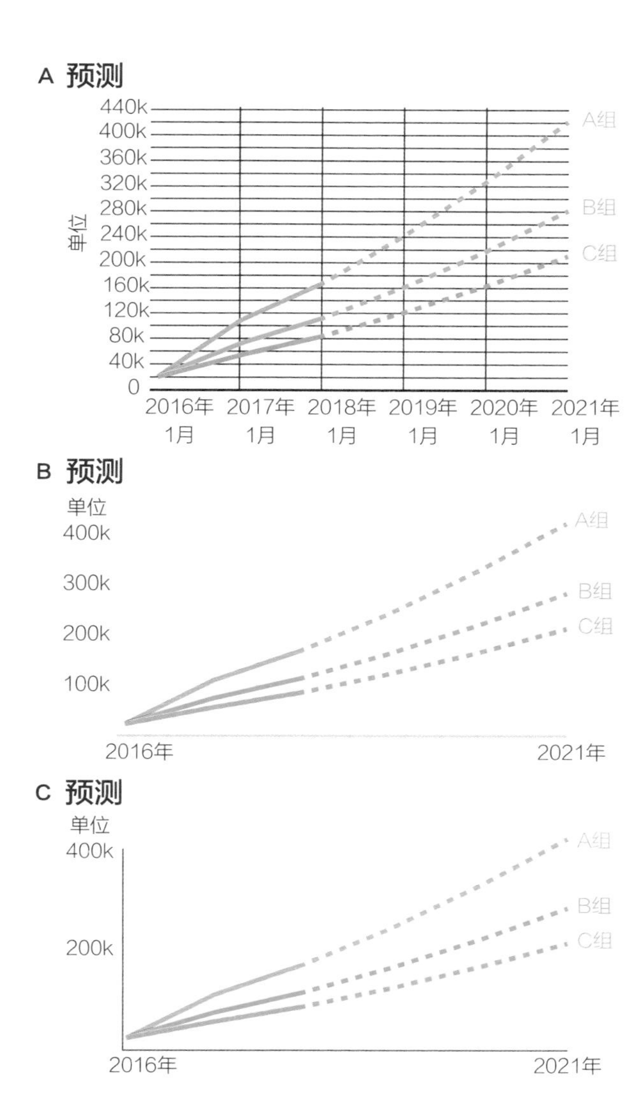

2. 在下面的条形图中找出一个共同元素，它使得两个图都变得不清晰了。在每个图中找出一个各图特有的不利于清晰性的元素。

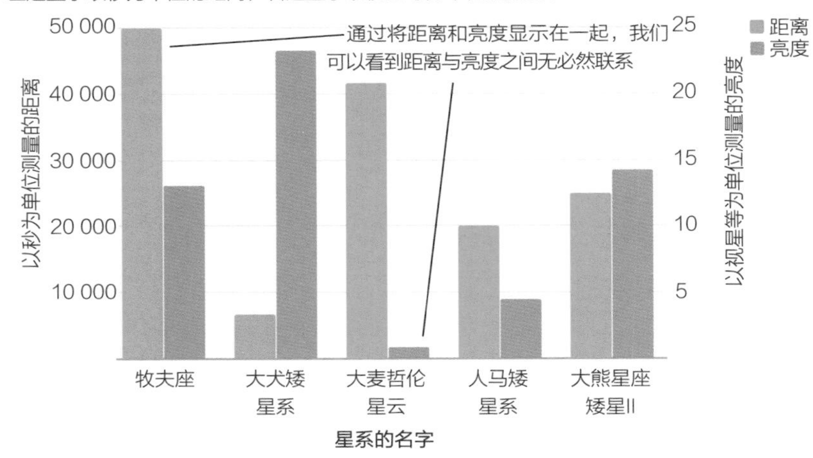

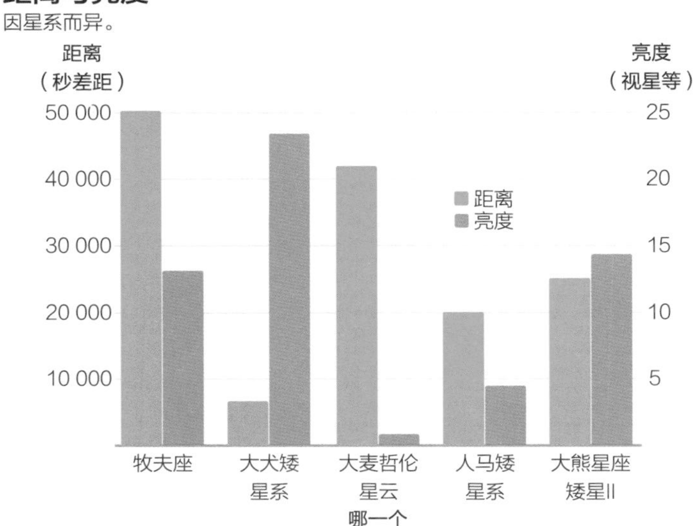

3. 这句表述是对还是错：为了使图表更清晰，你应当尽可能地从图表中删除很多东西。

4. 在这两根轴线上绘制出来的数据可视化图表是不是清晰的？为什么？

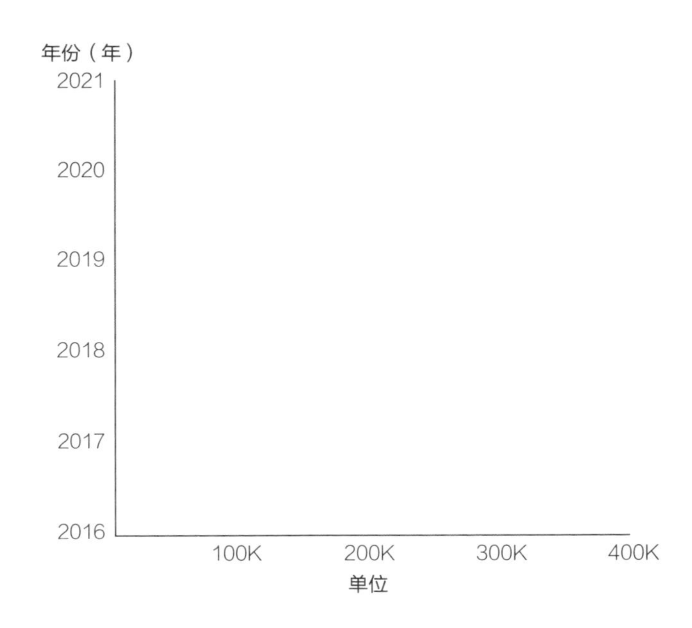

5. 在散点图中，你要将几个国家的平均医疗支出与平均预期寿命进行比较。这幅图将显示除了美国以外的所有国家的正相关关系：在美国，医疗平均支出最高，但其平均预期寿命只达到中低等水平。为了清晰性，你会选择哪个标题？

A　几个国家的医疗支出与预期寿命
B　投资于医疗保健是有效果的——几乎所有国家
C　在医疗保健上花费更多的国家寿命更长
D　医疗支出告诉我们关于预期寿命的什么

6. 是什么让这个饼形图不那么清晰？你会怎么解决？

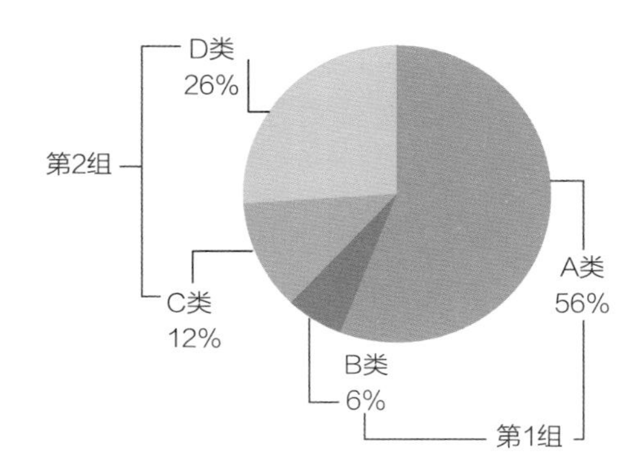

7. 你想在地图上按地区显示客户相对的高兴或愤怒情感。哪种配色方案最清晰？

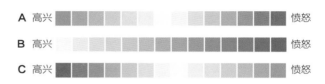

8. 如果不知道这个散点图是关于什么的，你会首先在图中做些什么来提高它的清晰性？

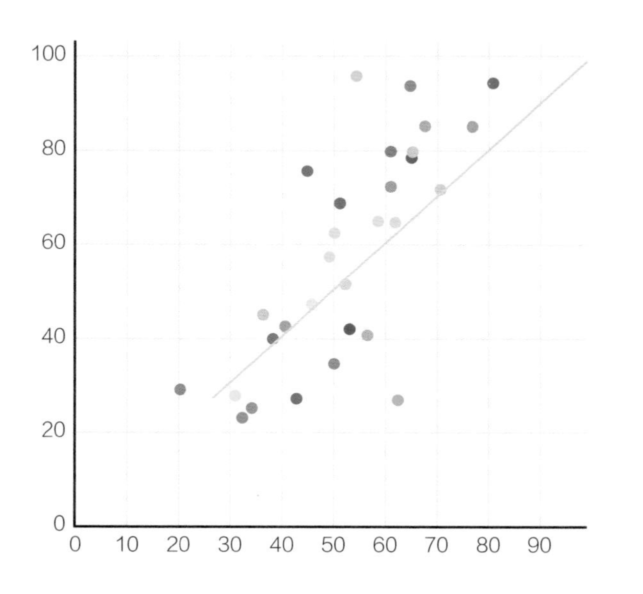

9. 这是同样一个散点图的扩展形式，由于对齐点的数量众多而变得不那么清晰。标记所有水平的和垂直的对齐点。

10. 在改进这个图的对齐方式之后，寻找其他方法使其更清晰，并绘制一个新版本。

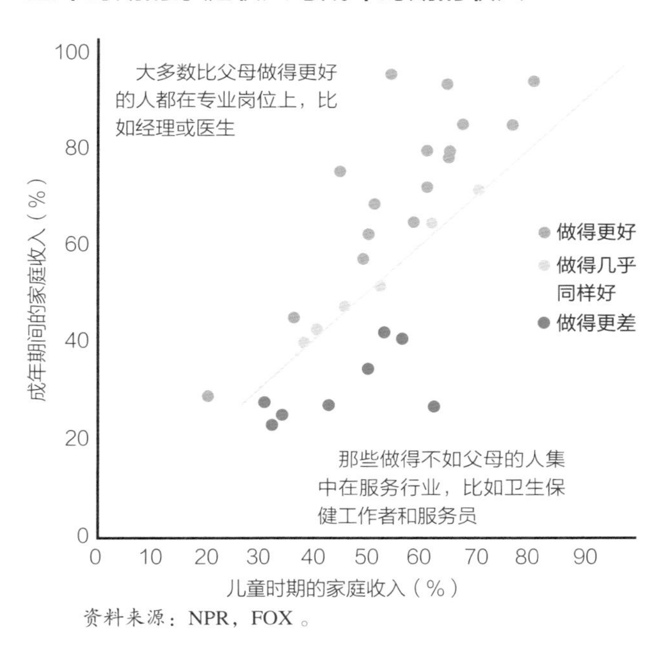

资料来源：NPR，FOX。

讨论

1. 答案：B　关键是需要谈论“逐年趋势”的背景。这使得 C 图失去了资格，为了尽可能简单，C 图实际上已经消除了这些趋势的任何迹象。在一份关于 5 年趋势的报告中，C 图可能还是个不错的图，但对于我们的背景来说，这还不够。A 图也提供了每年的趋势，但可能不够简洁。纵轴上网格线的数量和密度使看图者观看起来十分困难。如果这些网格线显得不那么密集，比如在 B 图中那样，有的人会说它们很有用。它们给出了每年相交网格线上更精确的值。但是，即使这些线不是那么占主导地位，也很难将它们与其对应的值联系起来，因为值是相互交织在一起的。你可以把图调高一些，在数值之间留出更多的空间，但即使这样，视觉上的忙碌也会与趋势线发生冲突。

请注意 A 图和 B 图之间一些细微调整，它们使得 B 图更清晰：标签已经对齐。“组”这个词只用了一次，而且不是用三种颜色重复。横轴标签上多余的“1 月”被删除了，因为它没有帮助。

2. 共同的元素 横轴上的类别按字母顺序组织。虽然这是一种有效的信息组织方法，但并没有使这个图变得清晰，而只是创建了一个随意的比较集合。星系在宇宙中不是按字母顺序排列的，我们在比较距离和亮度。将星系排列在其中一个进程上（比如，从最近到最远，或者从最亮到最暗），将为观察一个变量对另一个变量的影响提供定位点。对我来说，距离是更容易接近的变量，所以我会把数据从近到远排列。“从远到近”会违背我们从最接近的东西的左边开始的感知习惯。从最远的地方开始到最近的地方，会给人留下十分奇怪的感觉。

两个图中每个图各自的不清晰元素 对于第 1 张图，不清晰的元素是冗余。这张图充满了重复。主标题、副标题、纵轴、图例和说明文字，实际上都在说同一件事。如果你辨别了指示符，也就很好地理解了所有这些。指示符指向的条形图来自不同星系，这让人很困惑，而长线条也会分散视觉注意力。

对于第 2 张图，不清晰的元素是模糊。这个图修复了前一个版本的许多问题，但是过于简化了。标题是模糊的（是什么的距离和亮度？），而副标题则是条件反射一样的明显。它无助于我们理解为什么要看这个图。轴线的标签很恰当也很短，但它们指的是什么呢？什么东西有多远？什么东西有多亮？横轴上的“哪一个”（Which）的标签非常模糊。如果你不知道“牧夫座”等是星系，你就会感到困惑。但是，即使我们想象自己可以弄清楚这个图，其中的数据排列也会阻碍我们。我发现自己在问：“这是什么意思？”它看起来更像是在轻率地显示数据，没有产生表达观点的视觉效果。这有什么意义呢？

下图是我重新思考后的尝试，它在简洁性和信息的良好组织性之间，找到了平衡点，使其更清晰。请注意，变量是按距离的增大来排列的，这强调了“亮度不会随着距离的增大而减弱”的观点。我用主标题强化了这一点，然后清理了轴标签，创建的对齐点比之前更少一些。

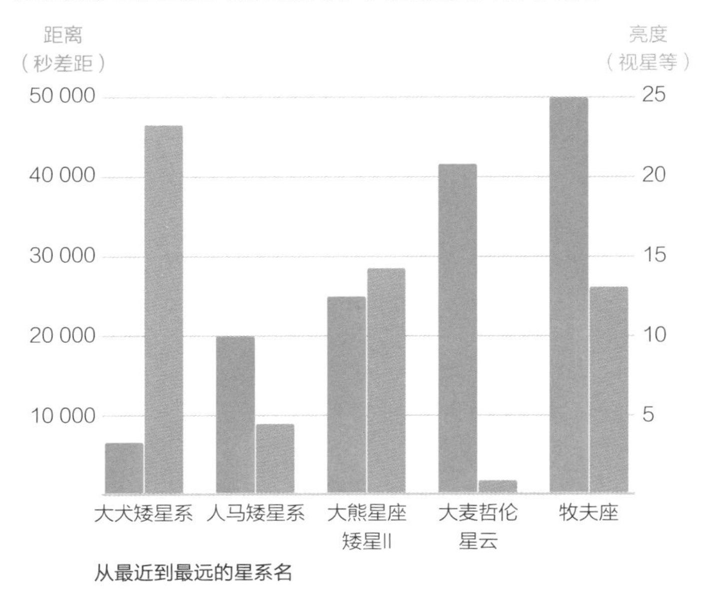

3. 答案：错误　简单性是有价值的，但只是在一定程度上。把图表中的要素删除太多，图表就会变得模棱两可。过于简单的图表，就像一堆杂乱的东西一样，也不清晰。爱因斯坦曾说过：“每件事都应尽可能简单，但不能越简单越好。”不要过于简化，不要简化到你自己都无法快速地从视觉上把握核心思想的地步。如果经过周密的组织，复杂的事情也能变得清晰。

4. 它会变得不清楚　坐标轴以一种不自然的方式换了位。沿纵轴向上的时间没有多大意义，因为我们一般认为，时间是从左向右排列的。不考虑这种期望的设计，会给看图者带来不必要的困难。

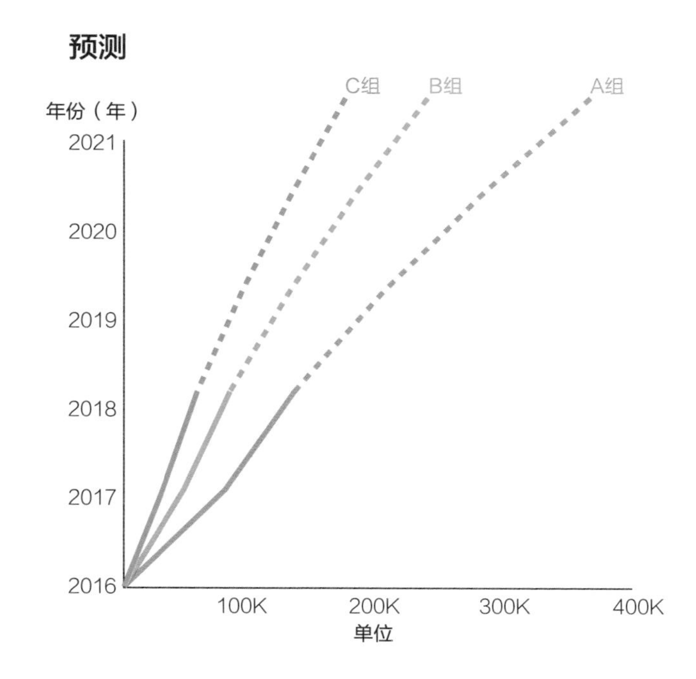

为了看看这在神经学上具有多大的破坏性，请看着这两条坐标轴上的图，并试着回答一些简单的问题，比如哪个组增长最快？B 组哪一年超过 20 万？你也许要歪着头看这个图，使得纵轴看起来像横轴。但是，如果你这样做，你会看到横轴上的年份在从右向左逐年递增，也就是说，当你歪着头来看这个图时，2016 年到了最右边，而 2021 年到了最左边。所有这一切，造成了一种非常模糊的体验。

5. 答案：B　这个标题最接近于传达我们希望人们看到的理念：美国的情况是异常的。其他的选项都不算错，但各有各的不足。答案 C 接近于揭示这个想法，但没有确认异常值——这不仅是我们关注的焦点，也是任何看图者关注的焦点，异常值吸引眼球。此外，答案 C 的这个标题还包含一个语法错误：国家不会寿命更长；国民才可能寿命更长。

在这些答案中，我们一眼就能看出不清楚的是答案 A，它只描述了坐标轴和变量。尽管这说明了视觉展示的其他部分，但没有做好充实的工作。答案 D 很有吸引力，因为它在邀请人们看图，并且用他们从图中看出来的东西回答问题，但同样没有表明异常值。它告诉我们什么？美国的情况是不同的，而且不是在好的方面与其他国家不同。在这种情况下，D 这个答案给人感觉过于开放了，尽管当答案在视觉上明显清晰时，这个标题也可能是有效的。（事实上，在我看来，我很难认为答案 D 在这里是“错的”，不过，我还是会使用答案 B 这个标题。）

6. 线条使这张图变得不那么清晰了。首先，它们让看图者的视线移动太多。将可视的元素连接到其标签需要一定的导航，而这个图不是直接的导航。我们的眼睛要跟着这些曲折的线条一路看去，十分困难。此外，图中没有任何内容是对齐的，标签在其中的位置也是随意的，标签之间的距离长短不一。组 1 和组 2 标签是这里最令人困惑的：它们不但制造了额外的线条，离视图还很远，而且它们本身就是多余的。我们已经用颜色来代表各个组，就没有必要再给它们贴上标签了。

7. 答案：A　在这个频谱中，我们希望颜色符合常规。因为我们把红色与热、消极等联系在一起，所以，随着愤怒的情绪越来越强烈，红色也变得越来越深，是有道理的。当并列的颜色是绿色时尤其如此，因为绿色与安全、积极等联系在一起。这些惯例使得答案 C 成为一个糟糕的选择。在图上用深红色标出的区域并不能立即传递“快乐顾客”的意思。至于答案 B 的灰度，它并不坏，但它是线性的，没有将高兴与愤怒进行比较，而是只暗示了一个变量的程度在逐渐增大，那就是愤怒。

8. 颜色　试着想象一下这张图表的图例，有 20 多个。图例的另一种选择是给每个点都贴上标签，而这将在视觉空间中制造一片混乱的标签海洋。在这里，减少颜色的最佳方法是找到能够显著减少颜色数量的合理分组方法。

9. 在图表中标记对齐是识别和消除视觉混乱的一个很好的办法，应确保为各种元素找到水平的和垂直的对齐点。我在这个图里找到了 10 个对齐点，这太多了。还要注意图中的说明文字如何在网格线之间浮动——网格线是对齐图中各个元素的自然位置。这个图已有两条轴线可用于对齐，当你在添加元素时，要在尽可能少的对齐点上对齐尽可能多的元素。

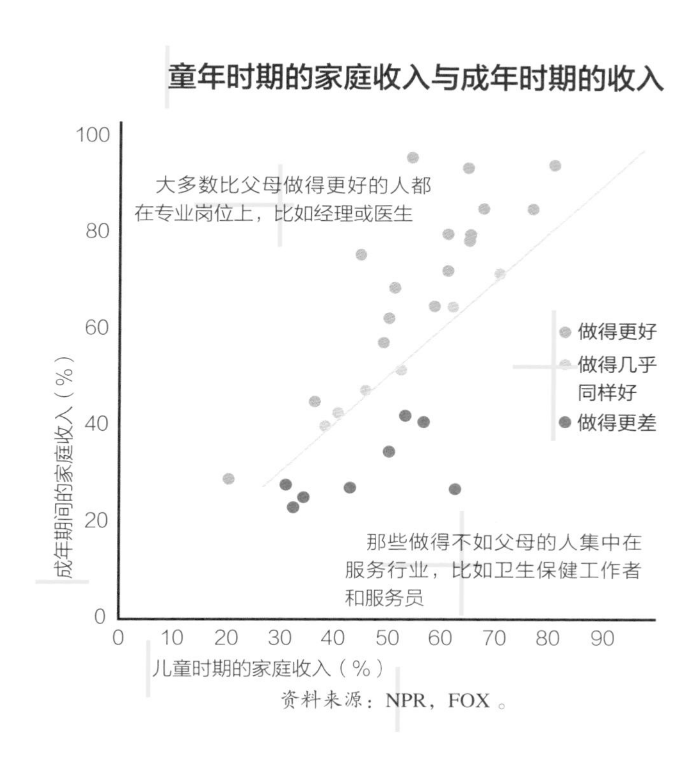

资料来源：NPR，FOX。

10. 我对图里说明文字的指示符不是特别满意：它们很长，而且与那些展示数据的统计拟合的斜线相交，从而制造了一些交叉部分。但是，我会对它们进行一番取舍，因为我认为，图例和说明文字可能具有更大的破坏性。尽管如此，我现在看它的时候，说明文字中的颜色可能足以建立起联系。我也许根本不需要指示符。为了抵消指示符的使用，我删除了一些横轴的网格线。说明文字在这里有双重功能，一是帮助解释观点，二是作为一个图例。那些被着色的词语本会在图例中重复出现，但现在这样处理，可以节省一个元素。其他的一切都向左对齐。这个版本显示了对齐的强大功能：尽管我添加了说明文字和指示符，但此图让人感觉更清晰了。

谁比他们的父母做得更好？谁又做得更差

成年后的收入百分位数（%）

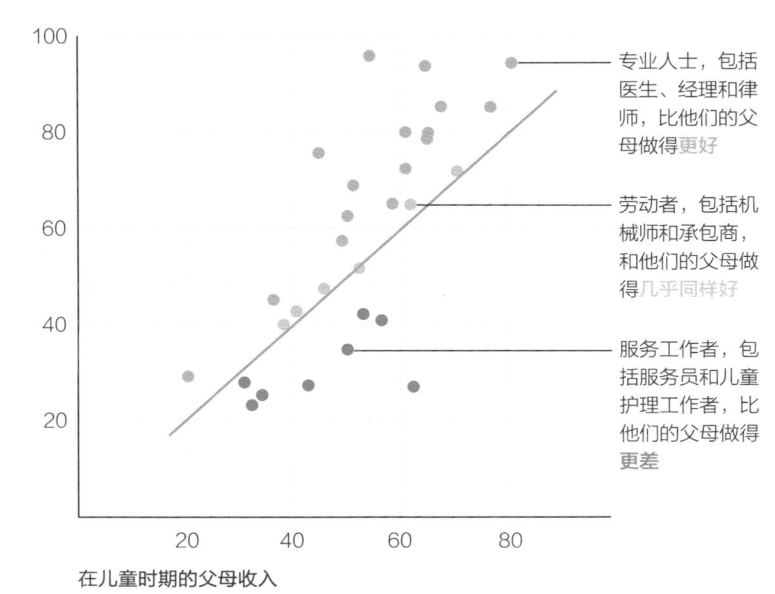

资料来源：NPR, VOX 。

简单而不清晰的条形图

人们很容易认为，一张空白区域足够大、文字不多、设计清晰的图表，看起来会很清晰，但事实可能并非如此。一般而言，简单带来清晰，但有的时候，缺少了基本的要素，也就欠缺了清晰性。当我们被迫停下来思考我们看到的东西时，简单就没有发挥它的作用。如果图表中并不存在看图者想要的信息，那么图表可能太简单了。缺少标签或者是存在令人困惑的标签，无须解释就能吸引眼球的视觉元素，以及精巧但晦涩的标题，都可能使得简单导致不清晰，就像这里介绍的例子一样。让我们一起来解决不清晰的问题吧。

1. 找出这张图中导致不清晰的四个要素。

2. 根据以下背景资料草拟一个新的版本。

（1）纵轴显示的是 2013 年第四季度房价收入比与历史平均水平的百分比偏离。

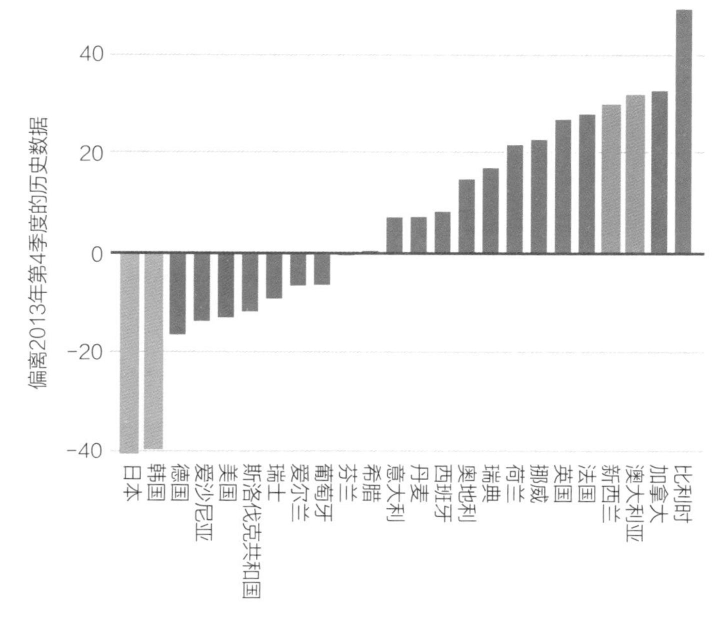

资料来源：OECD和IMF的计算。

（2）与历史平均水平的较大正偏差，可能预示着房地产泡沫。

讨论

可以说，这张图的不清晰被伪装成了简单。图的布局很整齐，颜色的使用种类也被限制了，但我们没有足够的信息来了解这个图表的意思。有些图表到最后之所以简单而不清晰，原因有二：图表制作者要么在努力追求设计上的简单性，但在执行的时候偏离正轨了；要么图表制作者假设有的内容看图者已经知道。的确，对于一直在分析住房数据的人来说，这张图表可能很有意义，但是，遇到一个不太熟悉房价数据的一脸茫然的看图者，图表制作者到最后不得不进行解释。

1.（1）纵轴上的值不清晰。40 和 –40 是什么？偏离历史的是什么？对标签中的文字进行限制是好的做法，但是，这里限制得太过了，以至于我们都不知道这些值代表的是什么。

（2）条形图的颜色不同，但原因尚不清楚。如果我们稍做研究，可能会发现，它们代表的是不同的区域，但这导致了不清晰，使得我们在看图时不得不暂停。

（3）将条形图和它的标签联系起来[⊖]，需要视线移动较远的距离，而且，考虑到图表的宽度和标签的方向，如果看图者不用手

⊖ 此图横轴标签的文字排列方向是作者有意设置的。——译者注

指沿着条形移动，最终将很难找到代表它的标签。这也使得将颜色与区域联系起来变得更加困难。

（4）主标题提到了房价和收入，但我们在图上任何地方都没有看到这两点。主标题应当反映人们将从图中看到的观点或者你想要讨论的要点。当主标题简单地描述图表的结构时，它们是中性的。而当它们提到我们无法从图表上找到的变量时，那就完全是在混淆视听。

2. 如果没有我们提供的上下文，这个练习不可能完成。一旦有了这些额外的信息，就可以在不进行太多结构更改的情况下调整。我的大部分调整都集中在文本上；在这里，稍稍多写一点文字会有很大帮助。首先，我把纵轴的标签做得更清楚了——条形的长度表示与正常值的偏差。这样一来，我们可以很明显地看出，轴线表示百分比。这是一个很长的轴线标签，但是我想不出还有什么方法比这更简洁的了。

同样，我把主标题改成了更有意义的表达。它提到了比率这个关键指标，并且以一种证实我们在图中看到的方式对其进行了评论。图中有这么多向下和向上的条形，一切似乎都不正常，动态的变化正在发生。我还添加了一个副标题来提供更多的背景，以便于讨论。事实上，如果你需要的话，制作副标题的一个好方法是想一想你在演示的时候会对着图表说些什么。对于你不会进行演示的图表，副标题的这一两句话将提供有价值的背景，正如这里所做的那样：我们展示这些数据，并不仅仅是因为它们有趣；之所以这样做，是因为尽管一些国家仍在从房地产的泡沫中复苏，但另一些国家似乎正朝着另一个泡沫走去。这不正常！

房价与收入之比再度不正常

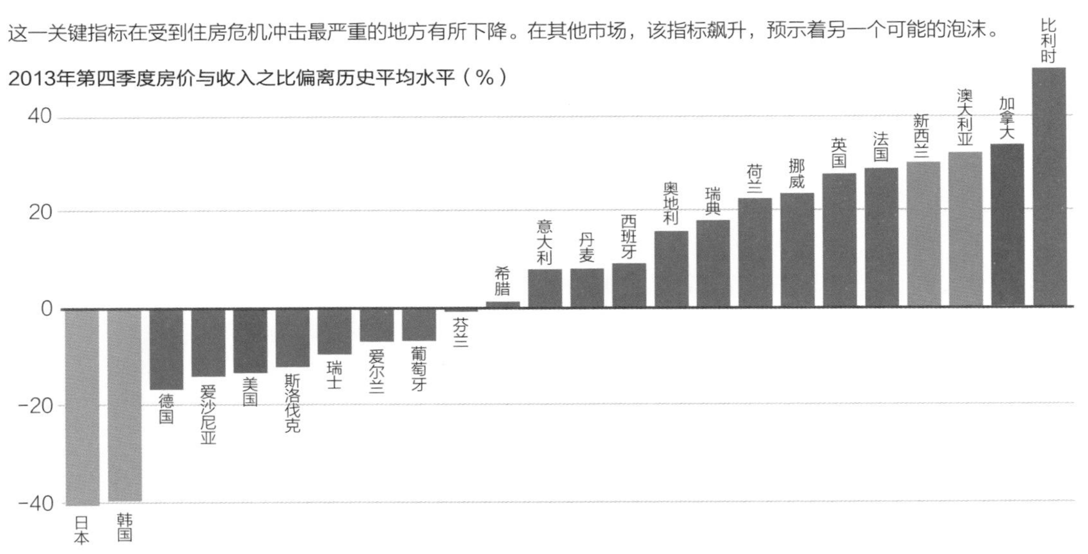

注：英文原书中，此表的国家名称为缩写形式。
资料来源：OECD和IMF的计算。

在正常情况下，我提倡图表上少一些说明文字，但是，在不改变形式的情况下，如果少了文字的说明，这个图将太过简单了，因此需要更多的文字说明。这个版本增加了一些文字，但感觉并不复杂。究其原因，部分是文本的左对齐，以及现在的标签都是水平的，而且与条形图十分贴合。我对这个图的原版最感到失望的因素有两个，一是原版中的文字都是竖向的，难以阅读；二是看图者难以将标签与条形图联系起来。现在的这个版本，数值与国家之间的联系更加清晰了，所以我决定保留颜色分组。在这里并不难挑出北美国家、欧洲国家等。（但我在这个问题上有些含糊其词；即使去掉这些颜色，也不是一个坏主意。）

最后，你可能没有注意到，这个图比原版更宽了。我是有意这么做的，以创造“呼吸”的空间，因为原版图表给人的感觉太局促了。在某些方面，紧密排列的长而细的条形在视觉上更具动感，但它们会给标签带来问题。当我确定我的图表需要更多的文字说明时，我认为，更宽的水平空间可以防止这些文字最终变成淹没在视觉中的文本块。这很微妙，但很清楚。

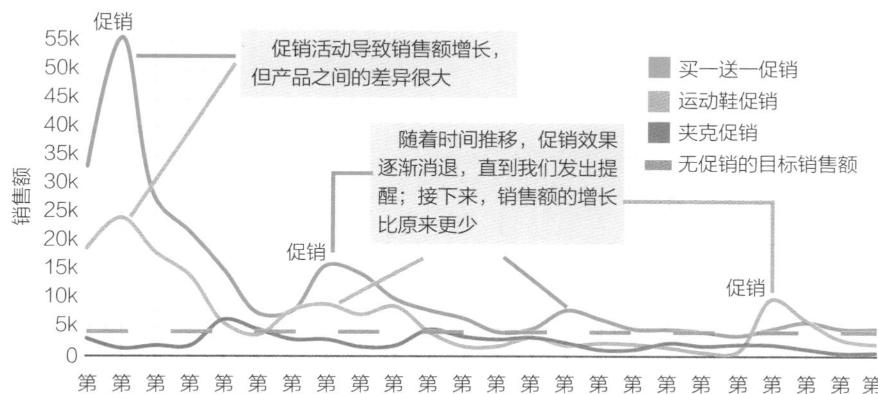

做得过了头的折线图

我希望这种图不像现在这么常见。它似乎随时都会出现，尤其是当我们的目标不仅仅是向看图者展示数据，而且是展示对数据的分析时。在需要提供要点时，图表制作者似乎对可视化失去了信任，并在图表中填上文字和标记，以确保看图者知道，可以在哪里看到分析结果。不幸的是，这里的所有文字和标记都无助于清晰，它们导致了一片模糊。我们不知道自己是应该看图表还是读文字，而且，图中有那么多地方需要我们集中注意力，导致我们不知道从何开始。让我们来行动吧。

1. 指出至少两个冗余的地方，并且说明如何消除它们。

2. 再指出至少三个使图表不那么清晰的元素。

3. 草拟一个更清晰的版本，保持对所有三个变量的关注。设纵轴是美元，假设促销的日程表如下。

第 1 天：最初促销

第 5 天：跟进的第 1 封电子邮件

第 14 天：跟进的第 2 封电子邮件

第 20 天：最后机会的电子邮件

4. 画出这个图表的一个版本的草图，清楚地把重点放在运动鞋和夹克促销的对比上。

5. 草拟这个图表的一个版本的草图，显示“宝贵的”促销期对比“昂贵的”促销期（假设你的分析显示了 12 天后的促销活动并不能节约成本）。

讨论

太多的内容和过多的冗余元素，使这个图做得太复杂了。那些实际上不属于数据可视化的视觉元素，加上争夺注意力的趋势线，让我们很难知道该关注哪里。冗余还导致注意力不集中。冗余不是件好事，但它可能具有一定的指导意义，我们往往重复我们认为重要的事情。为了确保看图者理解它们，我们将它们画成图、加上标注、用箭头指向它们、赋予它们颜色，还给它们添加文字说明。如果你能辨别出冗余，也许意味着你已经找到了想要着重强调的观点，只需要用另一些不会造成混乱和杂乱的方式将它们提出来。

1.（1）横轴标签　“天”（day）这个词重复了 24 次，会使页面变得一片混乱，一旦数字达到两位数（比如第 10 天），就很难看到哪个日期与哪条垂直的网格线相联系。此外，轴线本身的作用是告诉我们 1 ～ 24 代表着什么。你也可以考虑不把每一天的值都放在横轴上。问一问你自己，让看图者了解每一天的情况，是不是十分重要的。如果不是这样，比如说，只有电子邮件促销的日子才是重要的，那么你完全可以删除这些标签。

（2）促销　“突起”的文字说明　文字说明方框中的文字描述了我们在折线图中看到的内容，并且指向它们描述的内容，在那里还有其他的标签。这样一来，我们不仅显示了这个突起，而且还讨论了它，指向了它，标记了它。突起似乎很重要，但是，太多的信息环绕在它的周围，使得它更难被使用。我应该看这张图吗？还是读说明文字？从标签开始吗？该从哪个指示符开始呢？由于这些冗余，这张图并没有展示清晰的思路。

（3）主标题　这个主标题描述了图表的结构：两周多以来（横轴）的商店促销（沿着趋势线的点）和销售额（纵轴）。请记住，看图者通常不会从主标题开始阅读，而从可视化开始，并且使用主标题作为“确认提示”来核实他们认为自己看到的是否就是他们真正看到的。你应当用主标题来描述图表的主要思想，而不是它的结构。

2.（1）纵轴　它需要更多的信息。它是指金额吗？还是指单位销量？到底是什么？

（2）网格线　它们的数量之多以及给人留下的沉重感，分散了人们对趋势线的注意。当你希望看图者能够将横轴上的值映射到纵轴上的任何位置时，网格线才最有价值。换句话说，如果趋势线上某些特定的点确实十分重要，网格线才会有所帮助。问一下自己，你需要了解多少个将横轴与纵轴联系起来的点呢？每周一个还是每天一个？（如果个别的点比总体趋势更重要，那么，趋势线也许不是正确的图表形式，点图或表格会更适合。）如果趋势线十分重要，就要消除网格线以及它们附带来的杂乱的视觉感。

（3）颜色　趋势线的配色方案非常好，但页面上额外的颜色会造成混乱。目标销售线的深深的蓝绿色，使得这条趋势线太过突出，而以虚线表示，使得本来就杂乱不堪的网格线显得更加杂乱。这只是次要的信息，供看图者参考，所以用浅灰色会更好。此外，深灰色的文字说明方框吸引了我们的眼球，所以我们会在看图还是读文字之间挣扎，它们也增加了整体的沉重感。

（4）指示符　虽然它们能有效地将文字说明与描述的突起连

接起来，但它们由于与图中的趋势线相交，而且还使用了颜色，因此产生了更多的混乱。不同的形状和角度降低了清晰度，造成了视线不必要的移动。

（5）对齐　这张图中没有任何对齐的元素。标签是上下浮动的，文字说明是偏离的，图例在它自己的平面上。这么多不一样的对齐点，削弱了图表的清晰度。

3. 下面这张图在不丢失任何重要信息的情况下实现了清晰度的指数级飞跃。也许令人惊讶的是，大多数新发现的清晰度，源于简单地删除了一些元素和对齐另一些元素。我撤掉了所有网格线，只保留了与促销日对应的竖线。没错，这使得整张图的外观更整洁，但更重要的是，还有助于我们从图中看到故事。现在，两条垂直线之间的距离就代表了促销电子邮件的时间跨度。我们可以一眼就

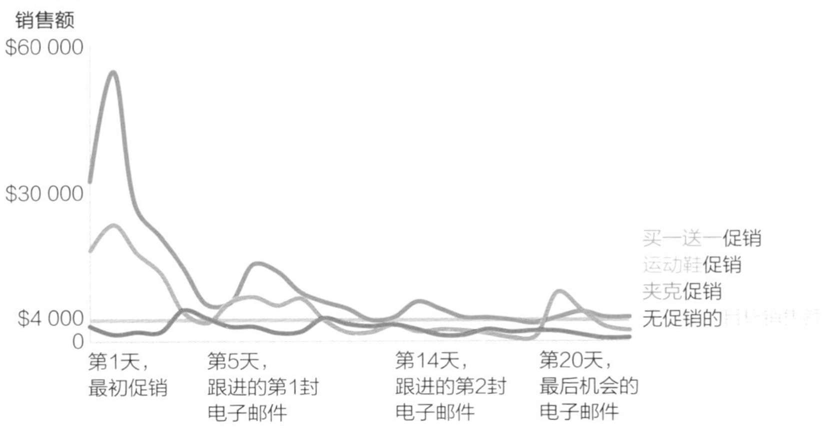

看出每个突起以及它如何随着时间的推移而被削平，直到下一次促销。我用副标题取代了原来的文字说明，副标题只用了几个词，就提供了与原来的文字说明相同的信息，而且没有指示符和深灰色的框。主标题和副标题确认了线索，提醒看图者刚刚在图中看到了什么。我用两个元素来对齐：纵轴和图例。目标线比之前的更加低调，它只是一个参考点，不是主要的视觉特征。

4. 通常，只要你提高了图表的清晰度，就能够基于同一主题，变化出不同的图表样式来。在这个例子中，我使用了与上一个练习相同的所有技巧，但是我也“放大”了整个图。纵轴的最大值只到 3 万美元。我可以把橙色的“买一送一”线从原来的位置移开，但是，这样就会留下一半的垂直空间是空的。将纵轴的高度变为原来的一半，使空间中两点之间的变化增大了一倍，因此曲线更加明

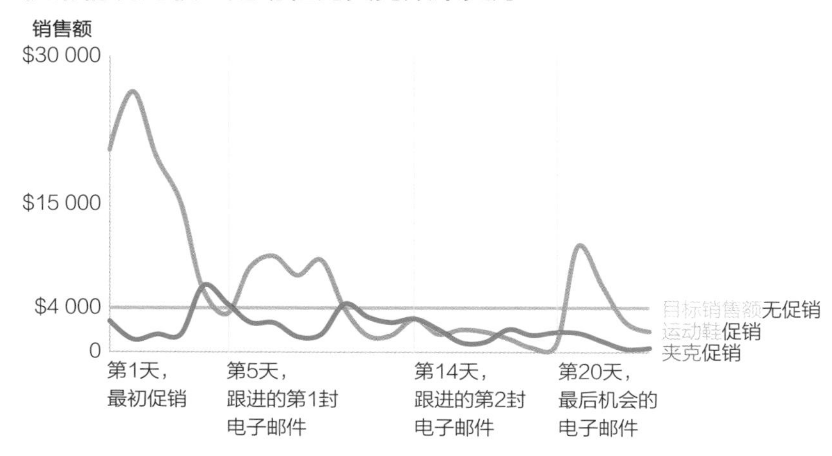

显。对于这个例子中的比较，这种安排是有益的。看看上一个图中蓝色和粉色的线与这条相比有多平。

请注意：将这个图表与上一个并列，不是个好主意。这会造成混乱，因为看图者会想到将图表互相比较。第二个图中的蓝线看起来很像第一个图中的橙色线，尽管它代表的变化要小得多。所以，要给每个图留出单独的空间，不要在不同的尺度上进行比较。

5. 再一次，这是关于该主题的一个变体。这个图根据分析结果，将视觉空间一分为二。相应的标签也让这一划分，变得格外清楚。我去掉了时间成本很高的促销活动的标签，同时增加了一个标签（第 12 天）来划分这两个区域。这并不是必要的；我只是觉得，它强调了在高价值时间之后的任何事情都应该被淡化。我还淡化了

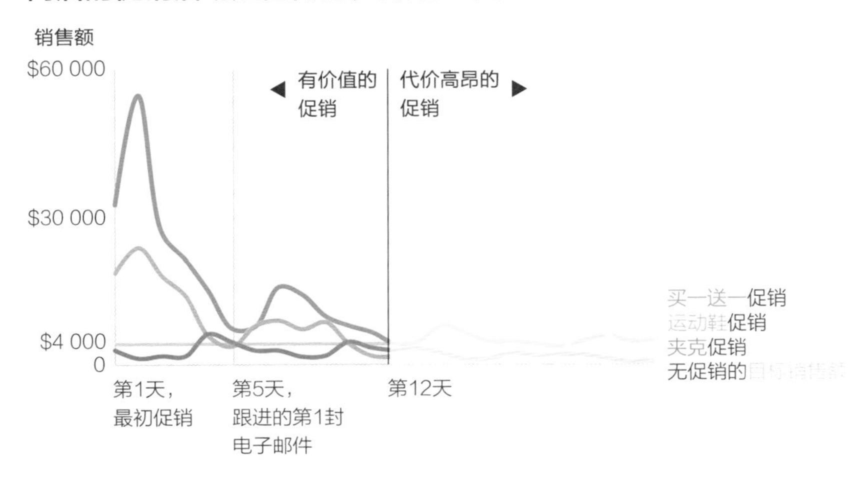

低价值的时间，方法是向看图者发出的颜色信号越来越淡，也就是说，告诉他们，这不是他们应该关注的地方。主标题正式地描述了这个观点。

混乱的热图

热图的优点也是其缺点。它依赖于颜色的变化而不是更典型的大小或距离来显示差异。这是强有力的视觉显示法，因为它创造了具有相似颜色的区域，形成了“热点”（或者，根据变量的不同，形成了“冷点”），以其他形式无法提供的方式告诉我们一些关于区域的和集群关系的信息。热图可能是少数几种即使你眯着眼睛也能感觉到清晰的图表类型之一。然而，要做好颜色的渐变，并不容易。一般来说，观察颜色之间有意义的差异，比剖析空间关系困难得多。由于热图通常包含大量的数据，因此必须对它进行良好的组织，才能使之清晰。当热图管用时，值得称赞。但是，一旦用得不好，热图看起来是随机的，就像下面这个例子。图中的色彩动感十足、引人注目，但我们很难看出这幅拼贴画中包含的含义。让我们来行动吧。

1. 描述这个图表的轴线是怎样组织的，并且找到至少两种备选的分组方式。

2. 使用不同的组织原则勾画一个新的版本。

3. 描述这张热图的总体配色方案。

4. 画出使用不同配色方案的一个新版本的草图，以提高清晰度。

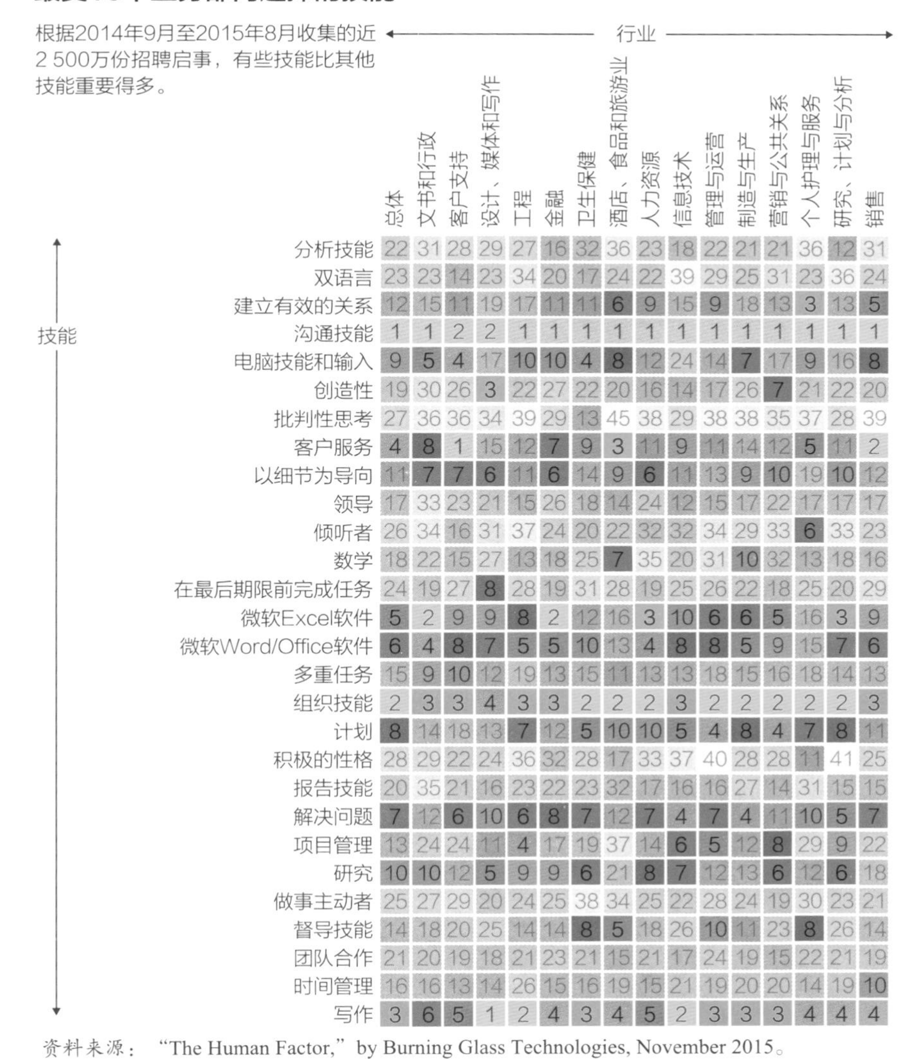

最受15个业务部门追捧的技能

根据2014年9月至2015年8月收集的近2 500万份招聘启事，有些技能比其他技能重要得多。

技能	总体	文书和行政	客户支持	设计、媒体和写作	工程	金融	卫生保健	酒店、食品和旅游业	人力资源	信息技术	管理与运营	制造与生产	营销与公共关系	个人护理与服务	研究、计划与分析	销售
分析技能	22	31	28	29	27	16	32	36	23	18	22	21	21	36	12	31
双语言	23	23	14	23	34	20	17	24	22	39	29	25	31	23	36	24
建立有效的关系	12	15	11	19	17	11	11	6	9	15	9	18	13	3	13	5
沟通技能	1	1	2	2	1	1	1	1	1	1	1	1	1	1	1	1
电脑技能和输入	9	5	4	17	10	10	4	8	12	24	14	7	17	9	16	8
创造性	19	30	26	3	22	27	22	20	16	14	17	26	7	21	22	20
批判性思考	27	36	36	34	39	29	13	45	38	29	38	38	35	37	28	39
客户服务	4	8	1	15	12	7	9	3	11	9	11	14	12	5	11	2
以细节为导向	11	7	7	6	11	6	14	9	6	11	13	9	10	19	10	12
领导	17	33	23	21	15	26	18	14	24	12	15	17	22	17	17	17
倾听者	26	34	16	31	37	24	20	22	32	32	34	29	33	6	33	23
数学	18	22	15	27	13	18	25	7	35	20	31	10	32	13	18	16
在最后期限前完成任务	24	19	27	8	28	19	31	28	19	25	26	22	18	25	20	29
微软Excel软件	5	2	9	9	8	2	12	16	3	10	6	6	5	16	3	9
微软Word/Office软件	6	4	8	7	5	5	10	13	4	8	8	5	9	15	7	6
多重任务	15	9	10	12	19	13	15	11	13	13	18	15	16	18	14	13
组织技能	2	3	3	4	3	3	2	2	2	3	2	2	2	2	2	3
计划	8	14	18	13	7	12	5	10	10	5	4	8	4	7	8	11
积极的性格	28	29	22	24	36	32	28	17	33	37	40	28	28	11	41	25
报告技能	20	35	21	16	23	22	23	32	17	16	16	27	14	31	15	15
解决问题	7	12	6	10	6	8	7	12	7	4	7	4	11	10	5	7
项目管理	13	24	24	11	4	17	19	37	14	6	5	12	8	29	9	22
研究	10	10	12	5	9	9	6	21	8	7	12	13	6	12	6	18
做事主动者	25	27	29	20	24	25	38	34	25	22	28	24	19	30	23	21
督导技能	14	18	20	25	14	14	8	5	18	26	10	11	23	8	26	14
团队合作	21	20	19	18	21	23	21	15	21	17	24	19	15	22	21	19
时间管理	16	16	13	14	26	15	16	19	15	21	19	20	20	14	19	10
写作	3	6	5	1	2	4	3	4	5	2	3	3	3	4	4	4

资料来源：“The Human Factor,” by Burning Glass Technologies, November 2015。

讨论

对付这种杂乱是有办法的。该图系统地组织了各种信息，并且用颜色来区分等级。热点和冷点都在这里，但找到它们，需要费些功夫。这个图整体的杂乱感，来源于其信息组织原则的随意。它是有组织的，但还是不清晰。为了提高清晰度，你首先要了解它是如何排序的，然后找到一系列新的组织原则。

1. 除了第一列以外，横轴是按工作部门的字母顺序排列的，第一列代表了每种技能的总体排名（推测同样代表这些行业的平均水平）。这是有意义的。总体的分数，似乎有些奇怪。我们习惯于要么首先，要么最后来显示全部的分数。

横轴备选分组 1　按工作类型划分——医疗保健、金融、制造、管理等。以这种方式来组织，将显示需求较大（或者需求较小）的技能是否聚集在某些就业领域之中。

横轴备选分组 2　按工资中位数划分。如果我们把这些工作从最高工资的中位数到最低工资的中位数进行排序，就可以看出需求较大和需求较小的技能是怎样围绕高薪和低薪工作聚集的。

两者都是有效的分组，但都不够令人信服，没能说服我采用它们。工作类型已经相当广泛了，创建更广泛的分组似乎是多余的，而且可能无法增加清晰度。工资的中位数听起来是个好主意，但是，信息技术领域的工资有着很大的变动范围。工资的中位数彼此之间可能没有那么大的差别。在我仔细考虑过之后，或许让它保持原样就好。

纵轴也是按字母顺序排列的。这似乎很随意，而且也有问题。

这些技能足够具体，可以用一种更具目的性的方式来分组。

备选分组 1　按技能类型划分。技能可以集中在“领导”“技术”“智能”“协作”等方面。如果这些集群中的某些出现了热点，我们将立马看到某些类别是否比其他类别更受重视。

备选分组 2　按排名划分。这似乎太明显了，明显到让人熟视无睹，容易被忽视。技能列表可以从综合排名第 1 名按降序排列到综合排名第 28 名。这就确保了热点在顶部，冷点在底部。接下来，我们就有了一张地图，可以很容易地从“急需的技能”转换为“不受重视的技能”。

2. 根据整体排名来组织各种技能，有着不可抵挡的诱惑力，所以我利用了这一点。这种做法产生了立竿见影的效果。现在我们看到了从热到冷的技能，可以从中挑出一些异常值——彩色中的灰色和灰色中的彩色。我没有更改横轴，因为其他可能的信息排列方式似乎不够吸引人。这看起来是对原来的一个改进，但颜色仍是个问题。

3. 原图中看似随意的色彩，其实经过精心设计。在给技能排序时，我们看到这样的情形：1 和 2 用的黄色；3 和 4 用的橙色；5 和 6 用的红色；7 和 8 用的紫色；9 和 10 用的蓝色。之后，随着排名下降，灰色区域会变得更浅。这是对精心设计的配色方案的合理尝试，但并不是十分奏效。首先，红色比橙色或黄色更加占主导地位（红色意味着“更热”），但它代表的排名较低。由于蓝色与调色板其他部分的红色明显分开，所以，即使它代表前 10 名中最低的，也能吸引眼球。

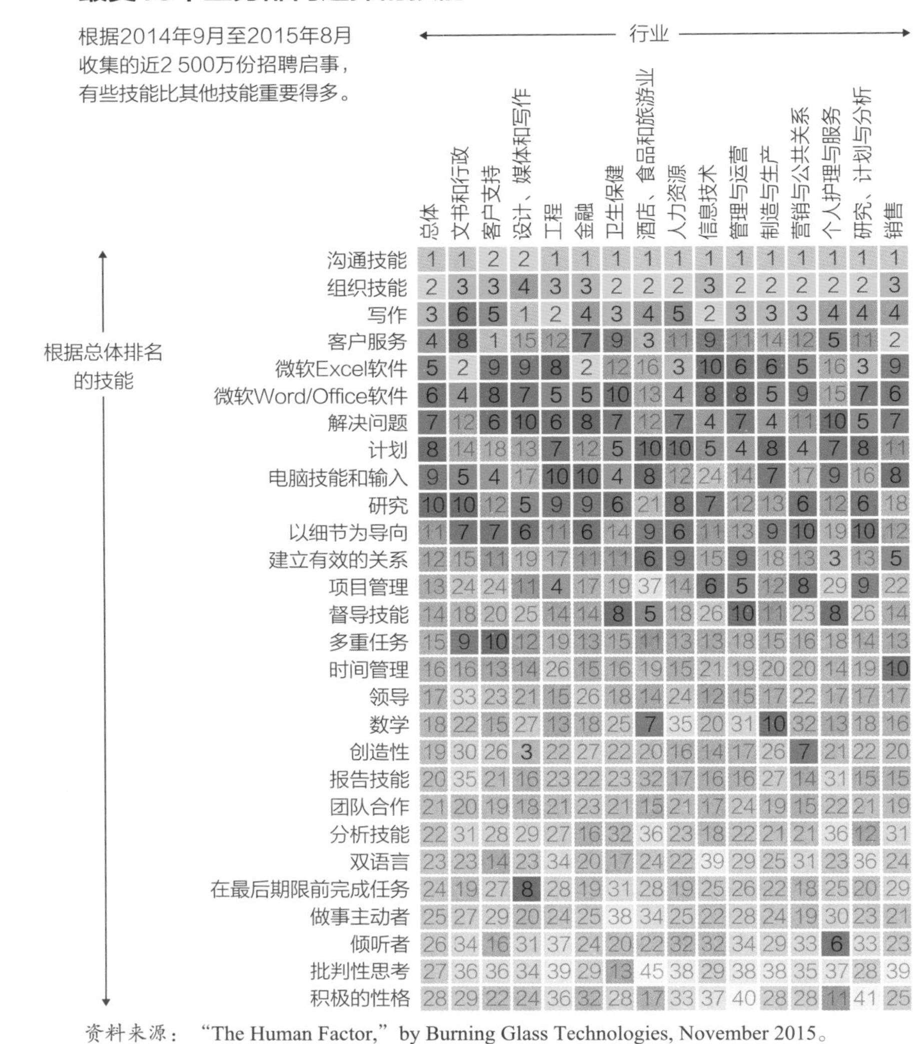

最受15个业务部门追捧的技能

根据2014年9月至2015年8月收集的近2 500万份招聘启事，有些技能比其他技能重要得多。

根据总体排名的技能	总体	文书和行政	客户支持	设计、媒体和写作	工程	金融	卫生保健	酒店、食品和旅游业	人力资源	信息技术	管理与运营	制造与生产	营销与公共关系	个人护理与服务	研究、计划与分析	销售
沟通技能	1	1	2	2	1	1	1	1	1	1	1	1	1	1	1	1
组织技能	2	3	3	4	3	3	2	2	2	3	2	2	2	2	2	3
写作	3	6	5	1	2	4	3	4	5	2	3	3	3	4	4	4
客户服务	4	8	1	15	12	7	9	3	11	9	11	14	12	5	11	2
微软Excel软件	5	2	9	9	8	2	12	16	3	10	6	6	5	16	3	9
微软Word/Office软件	6	4	8	7	5	5	10	13	4	8	8	5	9	15	7	6
解决问题	7	12	6	10	6	8	7	12	7	4	7	4	11	10	5	7
计划	8	14	18	13	7	12	5	10	10	5	4	8	4	7	8	11
电脑技能和输入	9	5	4	17	10	10	4	8	12	24	14	7	17	9	16	8
研究	10	10	12	5	9	9	6	21	8	7	12	13	6	12	6	18
以细节为导向	11	7	7	6	11	6	14	9	6	11	13	9	10	19	10	12
建立有效的关系	12	15	11	19	17	11	11	6	9	15	9	18	13	3	13	5
项目管理	13	24	24	11	4	17	19	37	14	6	5	12	8	29	9	22
督导技能	14	18	20	25	14	14	8	5	18	26	10	11	23	8	26	14
多重任务	15	9	10	12	19	13	15	11	13	13	18	15	16	18	14	13
时间管理	16	16	13	14	26	15	16	19	15	21	19	20	20	14	19	10
领导	17	33	23	21	15	26	18	14	24	12	15	17	22	17	17	17
数学	18	22	15	27	13	18	25	7	35	20	31	10	32	13	18	16
创造性	19	30	26	3	22	27	22	20	16	14	17	26	7	21	22	20
报告技能	20	35	21	16	23	22	23	32	17	16	16	27	14	31	15	15
团队合作	21	20	19	18	21	23	21	15	21	17	24	19	15	22	21	19
分析技能	22	31	28	29	27	16	32	36	23	18	22	21	21	36	12	31
双语言	23	23	14	23	34	20	17	24	22	39	29	25	31	23	36	24
在最后期限前完成任务	24	19	27	8	28	19	31	28	19	25	26	22	18	25	20	29
做事主动者	25	27	29	20	24	25	38	34	25	22	28	24	19	30	23	21
倾听者	26	34	16	31	37	24	20	22	32	32	34	29	33	6	33	23
批判性思考	27	36	36	34	39	29	13	45	38	29	38	38	35	37	28	39
积极的性格	28	29	22	24	36	32	28	17	33	37	40	28	28	11	41	25

资料来源：“The Human Factor,” by Burning Glass Technologies, November 2015。

4. 两个关键的变化使这个热图变得清晰。首先，排名前 10 的技能都是蓝色的，随着分数的下降，色彩饱和度也在降低。因为技能评估是一个整体，所以没有必要使用高度对比的颜色来进行排名。9 分和 4 分的差别，并没有大到一个要用橙色而另一个用蓝色的地步。通过使用单一的颜色，我创建了单一的“热源”：蓝色，深蓝色代表“更热”的点，或者更高的排名。你可能会说，蓝色意味着“冷静”，它也许不是单一颜色的最佳选择。这是中肯的批评。在这种情况下，蓝色并不违逆任何东西，排名也不是与“热门”的隐喻特别相关（它们更多的是关于高和低），所以，我可以使用蓝色。但如果你选择红色或橙色，我能理解。

其次，我将灰色的渐变形式，从由深入浅，翻转成了由浅入深。这个图的临时版本（这里没有图片）没有翻转灰色，它在排名第 10 位的非常浅的蓝色和排名第 11 位的深灰色之间制造了一个对比。对我来说，这不如从浅蓝色到浅灰色那么有意义。查看这个版本的整体排名列表，我们可以看到一个自然的渐变效果：深色在两端，浅色在中间。

作为奖励，我做了两处微小的调整，以提高这张热图的清晰度，不过，这些细微调整没有出现在已经出版的版本之中。首先，我将“总体”这一列与其他列分开，所以，现在它作为技能标签（行内的图例）的一部分。从“包含”和“被包含”的隐喻关系上看，把“总体”这一列和其他类别分开是有意义的，因为它包含了这些类别。我还在前 10 项技能和其他技能之间创造了空间。把 28 项技能放在一起来考虑，这也许让人应接不暇。通过划分，我有效地创建了两张图：“最重要的技能”和“其他技能”。这是微妙的，但这一小块空白区域非常有用。

最受15个业务部门追捧的技能

并不奇怪的是，沟通技能至关重要。令人惊讶的是，团队合作并没有进入前20名。

	总体	文书和行政	客户支持	设计、媒体和写作	工程	金融	卫生保健	酒店、食品和旅游业	人力资源	信息技术	管理与运营	制造与生产	营销与公共关系	个人护理与服务	研究、计划与分析	销售
沟通技能	1	1	2	2	1	1	1	1	1	1	1	1	1	1	1	1
组织技能	2	3	3	4	3	3	2	2	2	3	2	2	2	2	2	3
写作	3	6	5	1	2	4	3	4	5	2	3	3	3	4	4	4
客户服务	4	8	1	15	12	7	9	3	11	9	11	14	12	5	11	2
微软Excel软件	5	2	9	9	8	2	12	16	3	10	6	6	5	16	3	9
微软Word/Office软件	6	4	8	7	5	5	10	13	4	8	8	5	9	15	7	6
解决问题	7	12	6	10	6	8	7	12	7	4	7	4	11	10	5	7
计划	8	14	18	13	7	12	5	10	10	5	4	8	4	7	8	11
电脑技能和输入	9	5	4	17	10	10	4	8	12	24	14	7	17	9	16	8
研究	10	10	12	5	9	9	6	21	8	7	12	13	6	12	6	18
以细节为导向	11	7	7	6	11	6	14	9	6	11	13	9	10	19	10	12
建立有效的关系	12	15	11	19	17	11	11	6	9	15	9	18	13	3	13	5
项目管理	13	24	24	11	4	17	19	37	14	6	5	12	8	29	9	22
督导技能	14	18	20	25	14	14	8	5	18	26	10	11	23	8	26	14
多重任务	15	9	10	12	19	13	15	11	13	13	18	15	16	18	14	13
时间管理	16	16	13	14	26	15	16	19	15	21	19	20	20	14	19	10
领导	17	33	23	21	15	26	18	14	24	12	15	17	22	17	17	17
数学	18	22	15	27	13	18	25	7	35	20	31	10	32	13	18	16
创造性	19	30	26	3	22	27	22	20	16	14	17	26	7	21	22	20
报告技能	20	35	21	16	23	22	23	32	17	16	16	27	14	31	15	15
团队合作	21	20	19	18	21	23	21	15	21	17	24	19	15	22	21	19
分析技能	22	31	28	29	27	16	32	36	23	18	22	21	21	36	12	31
双语言	23	23	14	23	34	20	17	24	22	39	29	25	31	23	36	24
在最后期限前完成任务	24	19	27	8	28	19	31	28	19	25	26	22	18	25	20	29
做事主动者	25	27	29	20	24	25	38	34	25	22	28	24	19	30	23	21
倾听者	26	34	16	31	37	24	20	22	32	32	34	29	33	6	33	23
批判性思考	27	36	36	34	39	29	13	45	38	29	38	38	35	37	28	39
积极的性格	28	29	22	24	36	32	28	17	33	37	40	28	28	11	41	25

资料来源："The Human Factor," by Burning Glass Technologies, November 2015。排名基于2014年9月到2015年8月收集的2 500万份招聘信息。

第3章

选择图表类型

Chapter 3

“我可以使用饼形图吗？”

——某研讨会上一名匿名的参与者

“我可以使用饼形图吗？”这里引用的提问是真实的，令人失望的是，总有人会因选择图表类型而惶恐不安，它体现了选择图表类型是多么的困难。我们之所以强调要做出正确的选择，是因为在我们生活的这个时代，任何一张图表都可能在社交网络上引发评论甚至被人嘲笑。就像“语法警察”喜欢取笑别人前言不搭后语的糟糕句子一样，当图表不符合网友制作图表的规则时，“可视化图表语法家”也会突然发难，进行抨击。

忘记所有这些吧，那些是有破坏性而不是建设性的批评。虽然有些规则你应该知道并且应当试着去遵守，但实际上，大多数规则只是惯例。当涉及选择你要制作什么样的图表时，结果应当证明方法的正确性。假如它清楚地传达了你想让看图者接受的观点，那就使用它。

下列图表中有正确和错误的选择吗？

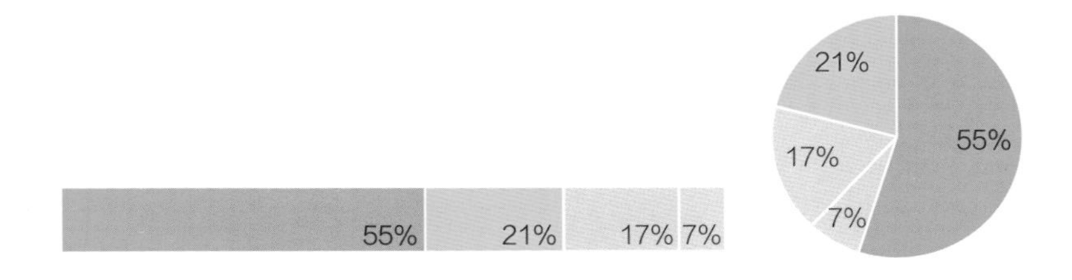

很可能没有。我们可以创造一个背景，在其中，某个版本会比另一个版本更好，但是，如果我们的想法是突出显示这 55% 和 21% 这两个大的部分，那么，这两个版本的图表都足够有效。

在考虑图表类型时，请遵循这些指导原则。

1 了解基本的分类 最简单的方法就是了解你的意图。你是否有以下打算？

- 进行比较
- 展示分布
- 显示比例
- 映射某物
- 显示一个非统计的概念

如果你知道答案，就已经缩小了选择范围。例如，若是你要显示一个比例，你知道折线图不起作用，但叠加区域图或堆积条形图可能起作用。请参考“附录B”中的图表选择工具，以了解每种任务最常见的图表类型，然后，用这种最常见的图表类型作为起点。你还可以尝试其他没有出现的类型。请记住，某些图表类型可以实现多种目的。例如，两个并排的叠加条形图可以进行比例比较。

2 听你如何描述事物 找个人聊聊你手头的数据和你想要表达的想法。听一下你自己说的话，然后记下来——你可能说出一些最适合你手头数据的图表类型。你也许对自己说：“单个的年份并不重要，重要的是这些年来的趋势。”你刚才建议用折线图来表示趋势，而不是用条形图来绘制每年的值。或者，你也许会说：“期望与绩效之间存在很大差距。”这可能会让你尝试一种可以真实展示巨大差距的形式，比如点图。你会惊讶地发现，经常用一些词来描述自己的意图，而这些词会直接将你引向某个图表类型。为了帮助你，本书包含了一个与这些方法相关的单词匹配的图表类型词汇表，请参阅“附录C”。

3 依靠你最常使用的图表　无论是在生活中还是在图表制作中，我们都高估了自己的聪明才智。为了引起他人注意，我们有时会尝试不同寻常的图表形式，例如有强迫症导向的网络图或冲积图。尽管它们在你的工具箱里也占有一席之地，但不要逼着自己用它们。大多数的数据可视化图表问题可以通过三种图表类型及其变体来处理：

- 折线图（叠加区域图、斜率图）
- 条形图（叠加条形图、点图）
- 散点图（气泡图、直方图）

如果你要选择非基本类型的图表，那就一定要给出很好的理由。如果不是这样，那就选择基本的图表类型。要明白，更专业、更不寻常的图表类型，需要看图者付出更多的努力。向他们解释一下图表是怎样发挥作用的，或者向他们展示一个简单的原型，可能会有帮助。

4 别忘了表格　有时，集合中的所有个体数据点比趋势或构成趋势的因素更重要。在这种情况下，表格也许是最好的选择。表格还可能适用于非常小的数据集（比如两个类别中的三个数据点），而在这个时候，数据可视化并不会传递更多信息，而且会花费更多的时间。从某种意义上说，表格也是可视化的：它们使用可预测的水平和垂直的空间比例，使数据更清楚。总而言之，表格仍然是个强大的工具。

5 专业提示：使用一根轴线　我最喜欢的图表类型之一是不太常见的点图。它将标记放在一根轴线上（一个变体是气泡图，它将大小不同的气泡放在一根轴线上）。点图通常可以代替条形图，效果很好。当你使用条形图的主要目的，是比较每个变量与其他变量在纵坐标上的值时，点图可能更容易实现这一点。为什么？因为我们不需要扫描水平空间来找出两个条形之间的垂直差。试着在以下的条形图和点图中查看变量 2 和变量 7 之间的值的差异：

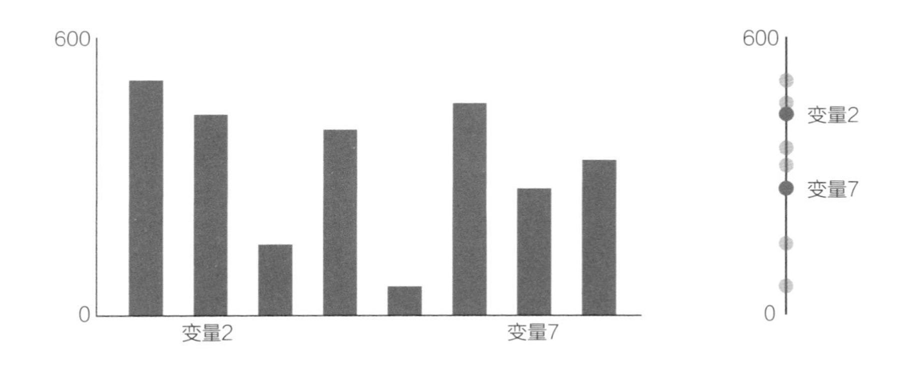

点图提供了直观的区别。你可以水平地或垂直地使用它，而且它只占用很小的空间，试试吧。

6 还有一点要注意：优秀的作家也是伟大的读者　同样，优秀的图表制作者也是伟大的看图者。从别人的想象中寻找灵感，不论资源多寡，这都将提供无穷无尽的例子。订阅社交软件上的数据可视化主题；将《纽约时报》和《经济学人》的“图文细节博客”等网站加入书签；订阅时事通讯，比如最佳视觉故事（*Best in Visual Storytelling*）。你喜欢什么就深度挖掘什么，不喜欢什么就不去追究。对你遇到的一些图表进行建设性的批评。（我在《好图表》一书中概括了这样做的一种方法。）画出其他可视化图表的替代版本。材料就摆在那里，去做吧。

选择正确的图表类型，比你想象的要容易。专注于提出你的想法，无论你选择哪种类型。如果它不管用，你可以尝试其他的，放轻松些。下面的练习旨在培养挑选图表类型的技能。使用每个图表的提示，重点关注消除混乱和杂乱元素的方法。对于这些练习，你只考虑与选择图表类型相关的颜色、标签、标准惯例和其他有关事项即可。

热身练习

1. 将每个图表的意图与可能表示它的可视化形式相匹配。（如需帮助，参阅“附录 A”中的图表类型术语。）

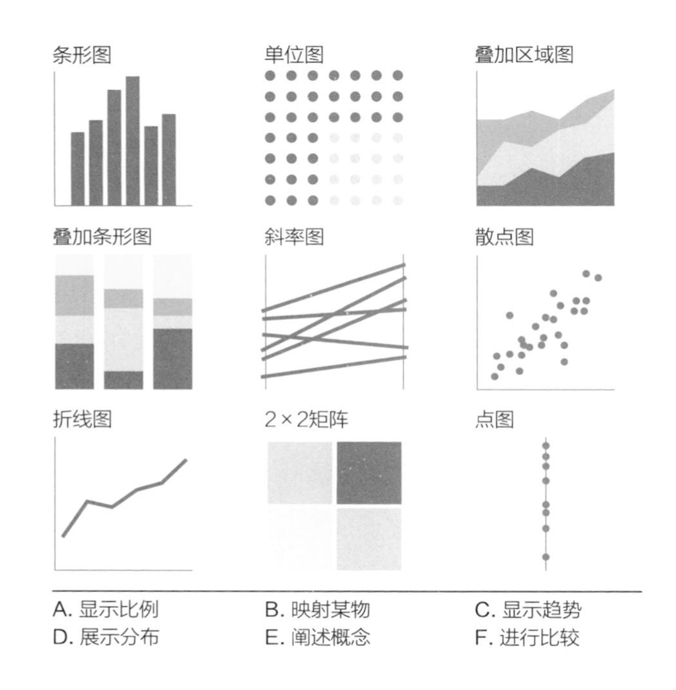

2. 在与某个同事讨论如何实现数据可视化时，你会说：“我感兴趣的是，在任何一个特定的时间点，这些组成部分是如何构成整体的。而且随着时间的推移，这些总量又是如何变化的。改变的比例很大程度上说明发生了什么。”

请勾画出以上描述的关键字，并选择可能显示所描述内容的两种图表类型。

3. 你有五分钟时间向董事会报告。要显示业务如何从一种收入组合转变到另一种收入组合，你可以使用两个叠加的条形图。但你在考虑使用冲积图，因为它在视觉上很吸引人，你想给董事留下深刻的印象。你应当使用冲积图吗？为什么？

4. 斜率图连接两个点，形成一条线性趋势线，然后删除这两个点之间的所有数据。下面哪个折线图不太适合变成斜率图？为什么？

A 俄罗斯的经济效益与油价有关

上涨和下跌遵循一种可预测的模式。

在俄罗斯国内生产总值中所占百分比的变化（%）

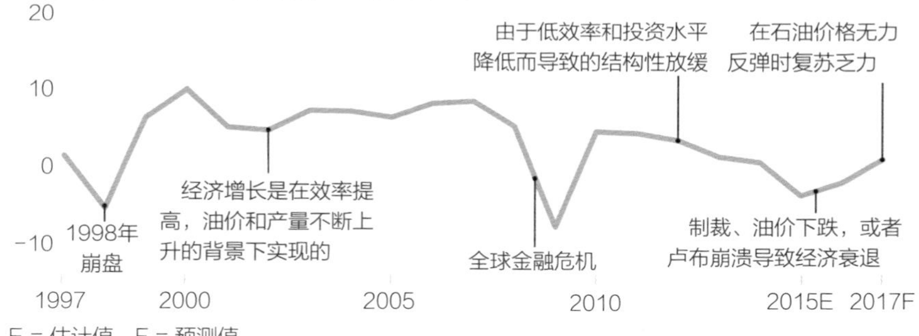

资料来源：前沿战略集团（Frontier Strategy Group）。

B 1960～2011年初婚年龄的中位数

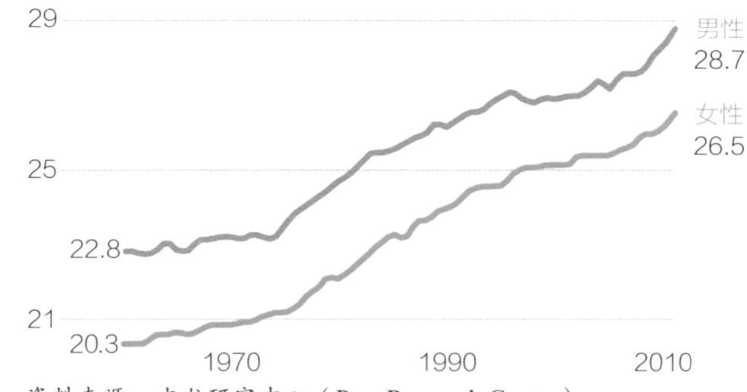

资料来源：皮尤研究中心（Pew Research Center）。

5. 一个朋友想让你帮助她实现数据可视化。她说："我们正在研究人们赚多少钱和捐多少钱之间是否有某种相互关系。只要看一下数据，我就发现有几个人似乎把自己收入的更高比例捐给了慈善事业，但我不知道究竟他们的情况是异常值，还是有一群的异常值。"

勾画出你听到的与可视化有关的词，指出你可能会引导她使用哪种图表。

6. 在数据集之中的数百个条目中，每个条目都包含以下信息。

- 姓名
- 部门
- 地点
- 经理姓名
- 直接下属姓名
- 直接下属地点
- 间接下属姓名
- 间接下属地点
- 间接下属的经理
- 间接下属所属部门

从这些数据出发，你想创建一个可视化的管理结构。哪种图表类型适合你的目的？

7. 在向风投公司进行宣传的过程中，你想展示自己所提到的市场上产品与客户之间的"巨大鸿沟"，并说道，你的解决方案是连接客户和产品的"桥梁"。下面哪个草图可能是将你的价值主张可视化的一个良好开端？

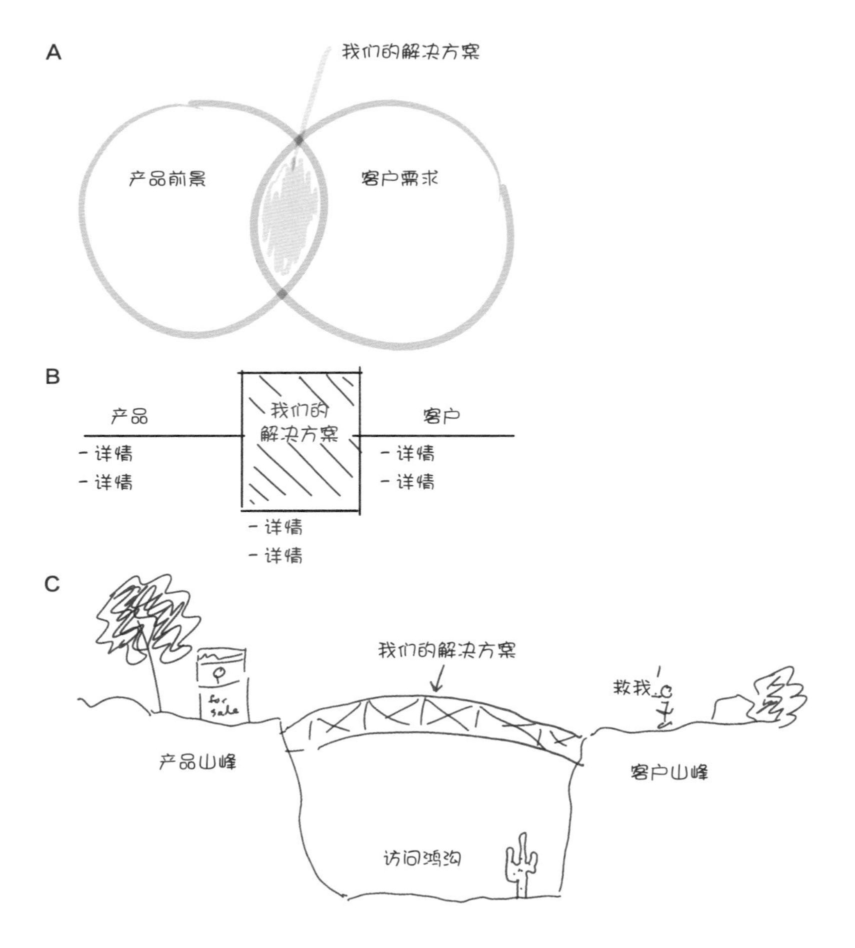

8. 一个简单的数据集显示了去年和今年每位员工在总部和两个分公司办公室开会的平均时间。你该如何展示这个数据集？

9. 你想从速度和力量两个维度来给橄榄球运动员分类，每一名运动员都会得到每个维度的分数。什么样的图表类型可以很好地反映运动员之间的比较？

10. 你想要传递这样的信息：你的工厂中发生工伤事故是多么罕见——在过去的一年里，1 000 名员工中只有 4 人受伤。什么样的可视化图表能够强有力地传递这样的信息呢？

讨论

1. 答案如下图所示。有关这里显示的每种图表类型以及其他类型的更多信息，请参阅“附录 A”中的术语表。

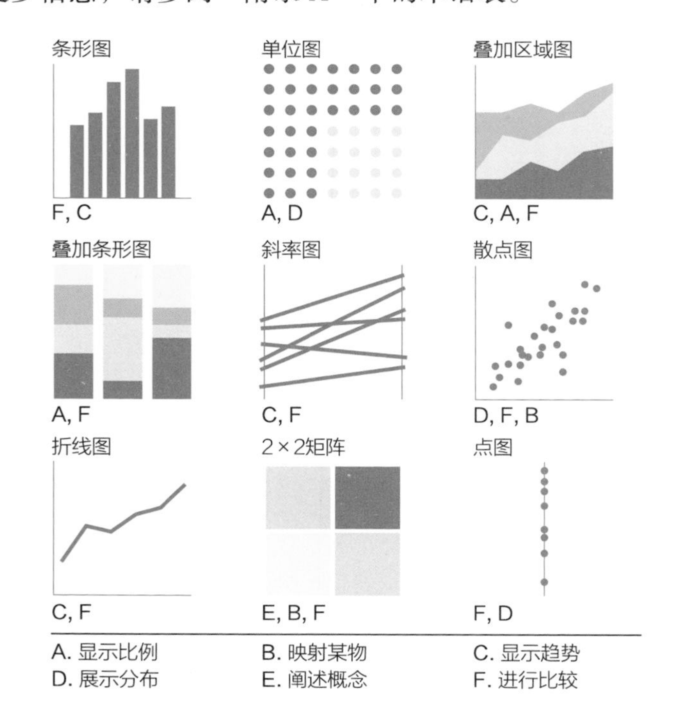

2. “我感兴趣的是，在任何一个特定的时间点，这些组成部分是如何构成整体的，而且随着时间的推移，这些总量又是如何变化的。改变的比例很大程度上说明发生了什么。”

图表类型 1　叠加区域图。它结合比例来显示某个折线图的组成部分和随时间的变化。

图表类型 2　叠加条形图系列。如果只有某些时间点是重要的，你可以将一系列的叠加条形图并排放置，以作为快照，而不是使用叠加区域图的连续时间轴。

3. 最好的答案是“视情况而定”。如果董事之前看过冲积图，知道会发生什么，这也许是个吸引人的选择。但如果他们没有见过冲积图，可能造成更多的混乱。到最后，你会浪费宝贵的时间来解释冲积图如何适用（你只有 5 分钟），而实际上，你原本可以在叠加条形图中谈论你的创意——他们一定十分熟悉这种图表。此外，与饼形图一样，冲积图里的变量越多，就越复杂，也就越难处理，因为截面流相互缠绕。所以，要谨慎选择这种图。

4. 答案：A　斜率图非常简单，但是有可能掩盖了重要的变化和细节。在答案 B 的婚姻图中，数据几乎是线性的。简化 B 这个线形图，不会违背改变的精神。然而，对于答案 A，斜率图会混淆最重要的变化。这是一个用斜率图来表现的石油价格图，从中可以清晰地看出，它是一个失败的斜率图的用例。

A **俄罗斯的经济与石油价格相关联**

上涨和下跌遵循一种可预测的模式。

在俄罗斯国内生产总值中所占百分比的变化（%）

20

10

0

−10

1998年崩盘

经济增长是在效率提高，油价和产量不断上升的背景下实现的

全球金融危机

由于低效率和投资水平降低而导致的结构性放缓

制裁、油价下跌，或者卢布崩溃导致经济衰退

在石油价格无力反弹时复苏乏力

1997 2000 2005 2010 2015E 2017F

E = 估计值 F = 预测值

资料来源：前沿战略集团（Frontier Strategy Group）。

B **1960～2011年初婚年龄中位数**

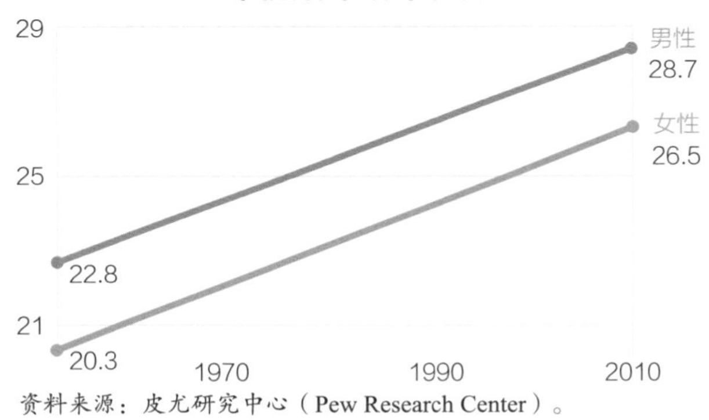

资料来源：皮尤研究中心（Pew Research Center）。

5. “我们正在研究人们赚多少钱和捐多少钱之间是否有某种相互关系。只要看一下数据，我就发现有几个人似乎把自己收入的更高比例捐给了慈善事业，但我不知道究竟他们的情况是异常值，还是有一群的异常值。”

你可能想试一试散点图。你的朋友推荐了轴线：收入和捐赠。写下诸多的数据点，你就可以创建集群和异常值，如果这些离散的点总体向右移动，就会显示相关性——更高的收入等同于更高比例的捐赠。

另一种选择是点图，轴线代表捐赠和收入之间的比例：假如某人赚了 10 万美元，捐赠了 1 000 美元，在轴线上将处在 1% 的位置；假如某个人赚了 10 万美元，捐了 12 000 美元，在轴线上将处在 12% 的位置，依此类推。你仍然会看到集群和异常值，但假如要绘制的点太多，你就很难整理清楚集群的位置。

6. 网络图在这里可能很好用。网络图通常需要特殊的软件和一些额外的配置和设计，以免它们成为节点和联系的“老鼠窝”，一片杂乱。但如果做得好，网络图有助于对复杂的网络进行排序、查看集群和理解复杂之处。在这个例子中，在节点上使用颜色来表示部门，并使用空间分隔部门，将有助于突出显示哪些部门是高度互连的，哪些部门更加孤立。它可能暴露组织中的“竖井”。

7. 答案：B　概念图展示了它们自身的挑战和陷阱。如果没有数据来控制可视化图表的边界，我们往往创造性地用隐喻来表达想法——通常是太过富有创造性了。这正是答案 C 的情况，它是一种过度设计的方法，使用的隐喻太多了。我们想要传递的观点将被藏在隐喻和详细的装饰之中。这可能看起来很傻，但却非常普遍。我之所以没有选择答案 A，是因为它混淆了隐喻。我们想要传达“桥梁”或“联系因子”的概念，而韦恩图（Venn diagram）传递的是重叠或共性——这几乎是不一样的东西。答案 B 显然是最有希望的开始：它显示了两个领域之间的“联系因子”。

8. 尝试使用表格。由于只有 6 个数据点，而且不需要真正关注或比较数据集的任何特定方面，所以表格是最快和最清晰的方法。它可能是这样的：

	去年	今年
总部	510	570
分公司办公室 1	325	295
分公司办公室 2	300	210

9. 这是运用 2×2 矩阵的好机会。关键是要对运动员进行分类和映射。2×2 矩阵跨越两个轴来形成一些区域，这种图表专为分类而设计。接下来，这些点可以映射到类别上。在绘制运动员的分类之前，2×2 矩阵看起来可能像是这样的：

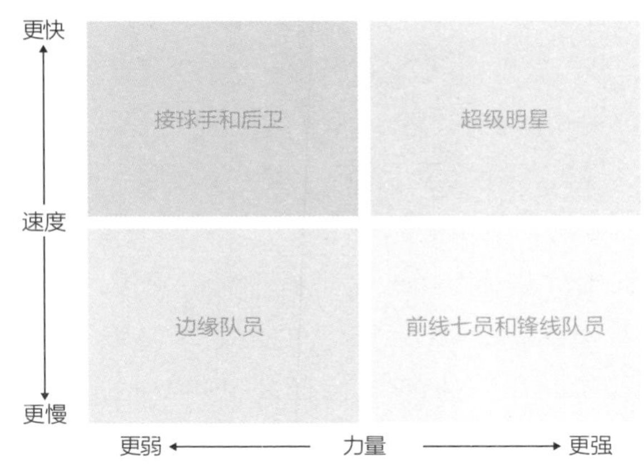

10. 这里一个不错的选择可能是单位图。单位图使用标记（通常是点）来表示实际单位的数量。例如，一个点可能等于 1 000 美元，或者 100 万个小部件，或者 1 个死者。这样做的好处是，它可以帮助看图者与实体建立更强的联系。单位不表示统计量，而是事物本身。当统计数据无法很好地表达观点时，单位图十分有益。例如，在这种情况下，1 000 人中有 4 人受伤，比率是 0.4%。这是一个很难用除了单位图以外的其他可视化图表来表述的值。现在，在

我们卓越的安全记录
今年每1 000名员工发生4次事故。

这个单位图中，我们不仅对 0.4% 的数据有了一个大致的了解，还看到了员工受伤的情况，更重要的是，有多少员工没有受伤。

学生联系教务处的方式

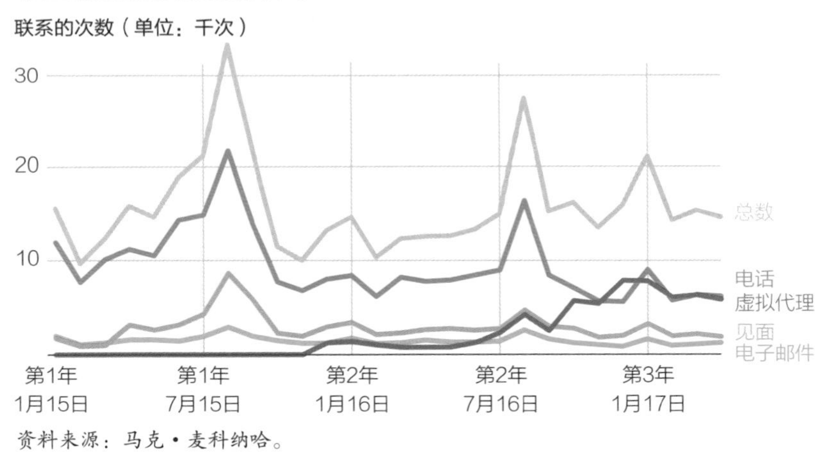

资料来源：马克 • 麦科纳哈。

令人惊讶的可调整线形图

在一种背景中能够很好地发挥作用的图表类型，换到另一种背景中可能无法很好地发挥作用。以上这种数据可视化图表可以显示学生们采用什么方式与大学的教务处取得联系。但也许我们要关注的不是每条趋势线。有时候，为了让你表达的观点更为突出，最好的方法不是调整你已有的图表，而是尝试制作完全不同的图表。即使对于这样一个简单的数据集，也可以根据上下文，使用不同的图表类型及其变体。这里的每个练习都是根据所提供的对话片段，为以上这张折线图绘制一个替代的图表类型。在对话中突出显示可视化的词汇和线索，并参考“附录”，可能很有帮助，在“附录”中，你可以找到多种图表类型和匹配可视化词汇与图表类型的矩阵。让我们来做吧。

1. “联系的总次数很重要，但对我来说，更重要的是他们能看到每个类别的联系方式占总的联系次数的多大比例。他们将能够看到构成整体的各个部分随着时间的推移扩大或萎缩。”

2. “对我来说，最重要的是展示有多少活动是随着时间的推移而实现数字化的。将这两个类别与采用电话和见面的方式来联系的增长情况进行比较，我们就能知道我们的发展和投资方向。”

3. “我担心他们会在所有这些趋势数据中迷失方向。实际上，我们真的只是想让他们看到这些联系方式的总体情况是如何变化的快照。两年前我们是什么情况？去年呢？今年呢？如果他们能看到这些时刻，就能知道比例是如何变化的。”

4. “我认为，如果我们只是给他们一个数字和非数字联系方式的快照视图，年复一年，这就足以让他们明白，采用数字方式联系的人数所占的总比例正在快速增长。”

5. “我想看看趋势线，但所有的季节性高峰，让这个图看起来很混乱。我希望对趋势有一个更简单的看法——它究竟是持平的、上涨的还是下跌的？”

6. “我在分析数据时，看到了一种与数字和非数字对比不同的趋势。我发现电子邮件和见面的趋势线是平的，而真正重要的是虚拟代理相对于电话的兴起。把这两者放在一起，的确会让人们看到一种新的联系方式（也就是虚拟代理）迅速崛起。”

讨论

我们用于制作可视化图表的工具，使得我们不再考虑要使用哪种图表类型。它们鼓励我们采用“点击即可视”的方法——先尝试一两个类型的图表，直到你找到一个你认为足够有效的方法。例如，原始图表看起来像电子表格或数据程序的标准输出。你可能认为没有其他方法可以显示这些数据来改进它。以下是六个备选方案。

如果你能克服“点击即可视”的冲动，并且挖掘对话中的线索，找出制作和提炼图表的好方法，那么你的图表的质量将得到不可估量的改善。

1. “联系的总次数很重要，但对我来说，更重要的是他们能看到每个类别的联系方式占总的联系次数的多大比例。随着时间的推移，他们将能够看到构成整体的各个部分随着时间的推移扩大和萎缩。”

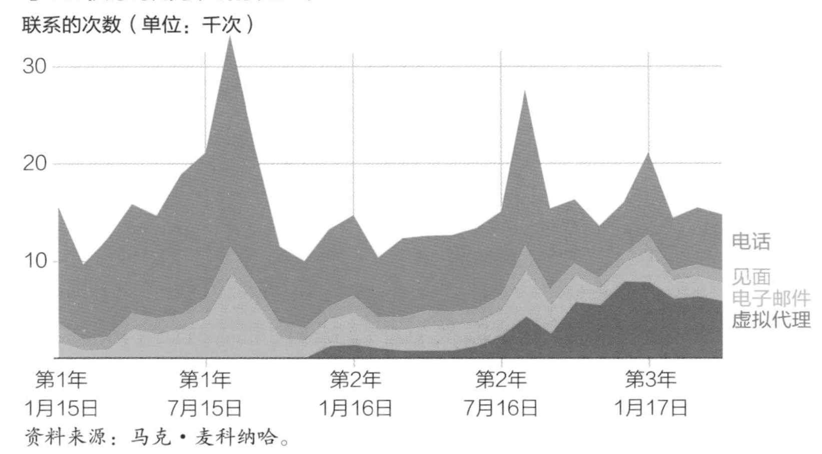

资料来源：马克·麦科纳哈。

这段对话之中充满了线索。“构成整体的各个部分”这一表述，指向的是比例型图表，我想到了饼形图和叠加条形图。但这两种方法都无法像叠加区域图那样捕捉“随时间推移”的情况。这个版本相对于基本的折线图有一个优势：我们可以将每个值与其他值绘制在一起，而不是用聚集和缠在一起的方式将它们绘制在一起，这样一来，它们就都是离散的，不会彼此争夺空间。

2. “对我来说，最重要的是展示有多少活动是随着时间的推移而实现数字化的。将这两个类别与采用电话和见面的方式来联系的增长情况进行比较，我们就能知道我们的发展和投资方向。”

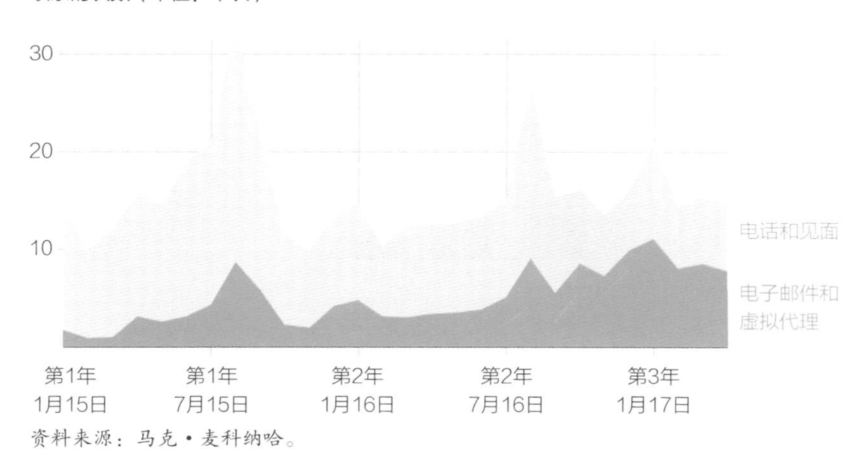

资料来源：马克・麦科纳哈。

“随着时间的推移……多少”，这些关键字又将我引向了叠加区域图，因为我知道，我们想要看到一个总数。对类别进行分组的决定是取决于对话的，在对话中，用数字化方式联系，是原始数据集之中并不存在的一个类别，这一点十分重要。关注的焦点似乎是突出显示数字化的联系方式，因此，我将非数字化的部分设置为次要的灰色。折线图可能也适用于这里。

3.“我担心他们会在所有这些趋势数据中迷失方向。实际上，我们真的只是想让他们看到这些联系方式的总体情况是如何变化的快照。两年前我们是什么情况？去年呢？今年呢？如果他们能看到这些时刻，就能知道比例是如何变化的。”

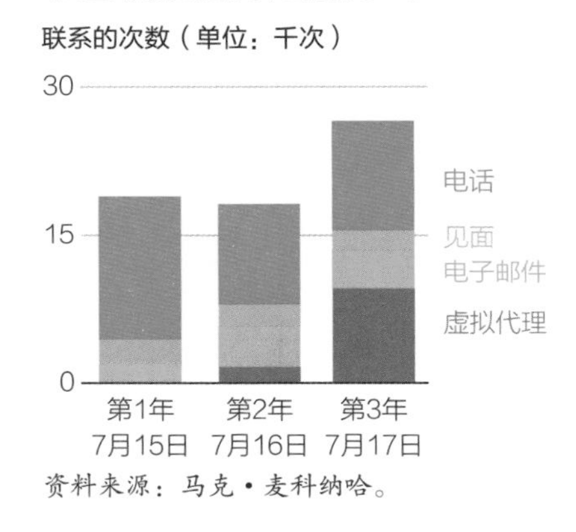

资料来源：马克•麦科纳哈。

说话的人在对话中列出了她的图表。“快照”和“时刻”这两个词让我不再使用趋势线。但她想拍些什么的快照呢？她说出来了！两年前的情况、去年的情况，以及今年的情况。我又听到了“比例”，所以我专注于饼形图或者叠加条形图。当剩下这个选择时，我通常使用条形图，特别是当一个比例中包含三个以上变量并且要显示不止一种可视化图表时，饼形图比条形图更难做比较。

4.“我认为，如果我们只是给他们一个数字和非数字联系方式的快照视图，年复一年，这就足以让他们明白，采用数字方式联系的人数所占的总比例正在快速增长。”

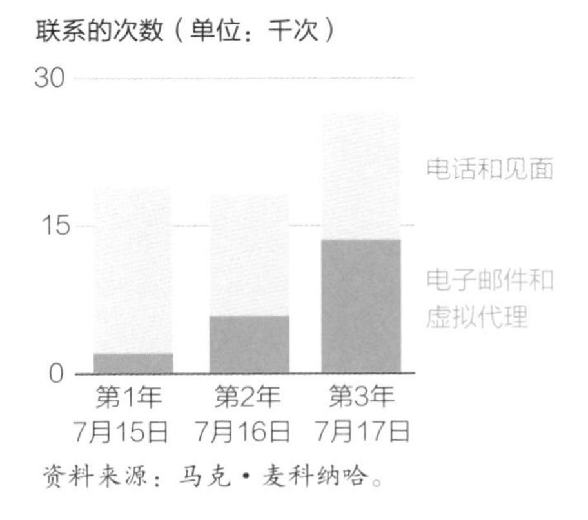

资料来源：马克 • 麦科纳哈。

我又一次听到了“快照”这个词，这又让我不再使用趋势线。“总比例”将我导向了比例形式。这个版本可以让人很容易地想象为三个非常简单的饼形图。评估这些变量之间的差异，不会受到圆形形式的限制。

5. “我想看看趋势线，但所有的季节性高峰，让这个图看起来很混乱。我希望对趋势有一个更简单的看法——它究竟是持平的、上涨的还是下跌的？”

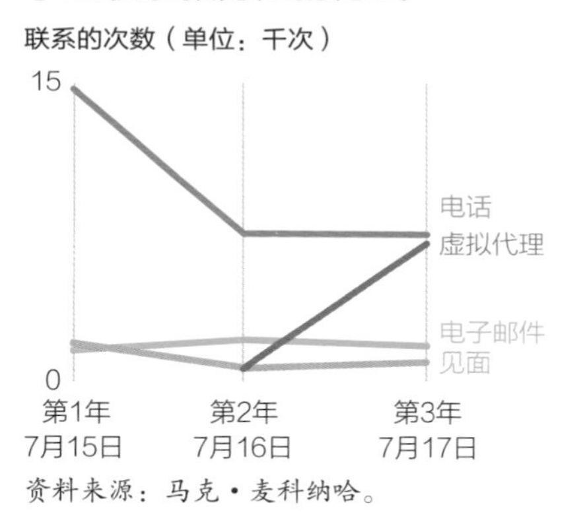

资料来源：马克・麦科纳哈。

每当我听到简单的和相互邻近的趋势时，就会想到斜率图，它们最近很受欢迎，它们紧凑而优雅。与条形图相比，斜率图提供了更大的随时间变化的感觉，而且在更传统的折线图中，在较短的时间跨度内，所有细微变化的杂音都不存在。但它们隐藏了大部分数据，我只是在这里将各个点连接起来，所以你应该小心。如果这些季节性的峰值和许多较小的下降与上升是重要的，那么，斜率图是个糟糕的选择。这里的斜率图，让我们第一次看见虚拟代理非常明显的上升轨迹。这是一条强有力的直接信息。

6. “我在分析数据时，看到了一种与数字和非数字不同的趋势。我发现电子邮件和见面的联系方式是持平的，这实际上反映了电话联系的虚拟代理的兴起。把这两者放在一起，的确会让人们看到一种新的联系方式（即虚拟代理）迅速崛起。”

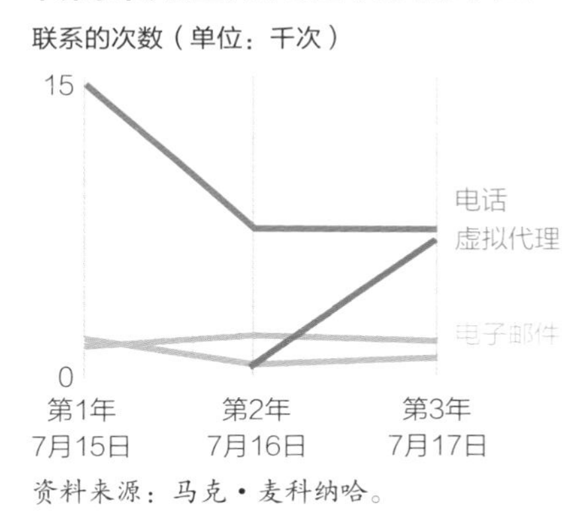

资料来源：马克・麦科纳哈。

在这种情况下，所有的语言都指向一次对比，这次对比不同于你之前可能假定的有价值的对比。对前一个版本的一次微小的改动（也就是对平直线使用灰色，以便它们的色彩饱和度减弱），使得我们不可能理解不了这个图表的意图。你甚至可以在我选择的形式中看到“迅速崛起”这一表述的出现。

令人费解的且聪明过头的图表

你看到了什么？我听到过对下面这张图表的各种描述，有的说

是“挂锁”，有的说是“下水道系统地图”（这张图基于真实的公开发布的图，我之所以提出这样的声明，是为了防止你以为我在用一

分析、数据科学和机器学习平台

从2016年到2017年的变化。

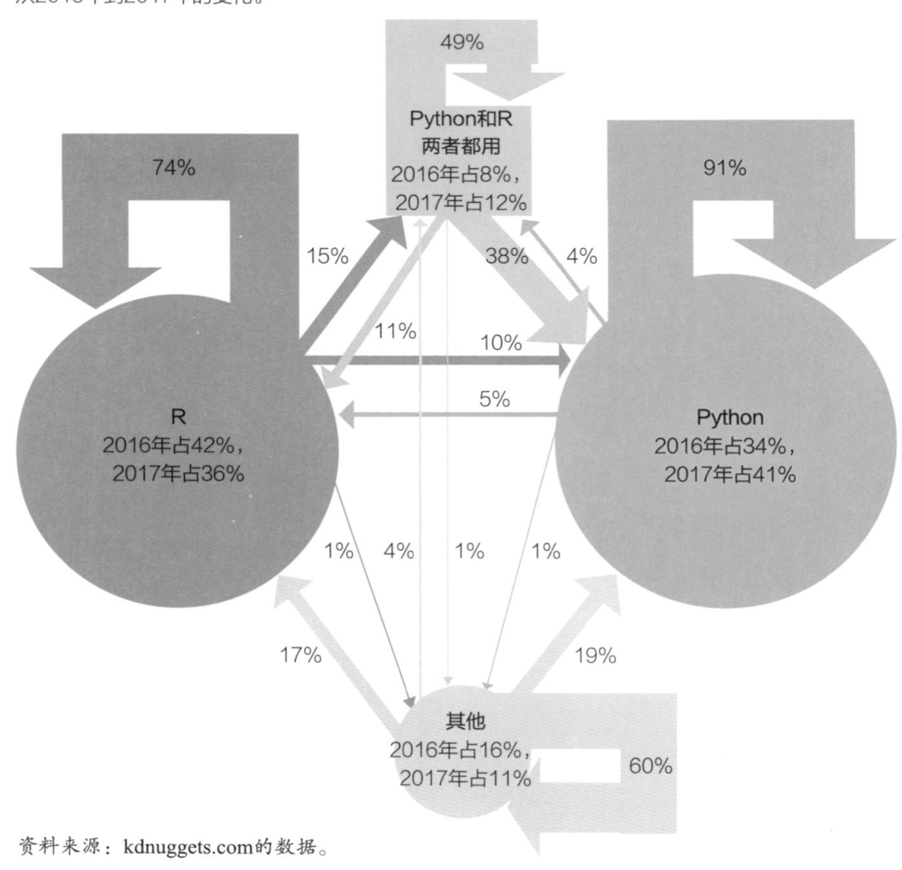

资料来源：kdnuggets.com的数据。

些荒谬的东西操纵这个练习）。图表类型的创造性可能是件好事，如果我们做对了，它会在理解上带来难以置信的突破。但是，不受约束的创造力会导致表现形式完全失去清晰度，尽管它们可能很吸引眼球，却难以使用。在这里，形式是主导的功能。很明显，这个图表的制作者有个计划，但这一计划在一堆的箭头和标签中出错了。让我们来处理吧。

1. 批评这个图。了解到它显示了每个平台的用户比例以及从这个平台切换到另一个平台的用户比例，请解释你为什么认为它没有达到预期效果，提供至少三个例子。

2. 概述至少三种绘制这些数据的替代方法，选择要突出显示的上下文。

讨论

这个图表的制作者可能正在考虑桑基图（Sankey，参见“附录A”）。令人备感失败的是，可视化图表模糊了实际上很直接的数据。我们要展示四个变量的逐年份额变化以及它们之间的百分比转移，就是这样。为什么要用如此复杂的方式来表达呢？这通常是为了引起注意。一开始吸引看图者的注意，的确重要，而且没有什么比外观或形式上与众不同、颜色丰富且动感十足的数据可视化，来得更快。但是，如果只是养眼花瓶（也就是说，如果它缺乏培育某个清晰想法的营养），它会让我们头痛。一般类型的图表，如果设计良好，反而能更有效地传递信息。

1. 批评 1：比例不明确　这两个圆圈看起来是成比例的，但依据的是 2016 年还是 2017 年的数据呢？原来，箭头也是成比例的。一种颜色所有箭头的宽度之和，将构成一个 100% 的叠加条形图。但这些比例与它们射出的圆不成比例。为什么“两者都用”这个类别是方形的，而其他类别是圆形的呢？我们不知道。

批评 2：模糊的标签　我喜欢简单的标签，但是这个太简单了。例如，“Python”箭头上 91% 代表什么？它看起来不像是占到这个圆的 91%。将标签连接到箭头，有助于理解这是一个百分比转移，但事实上，转移是从 2016 年的值开始的，但标签并没有显示这一信息！换句话讲，91% 的 2016 年的 Python 用户，到了 2017 年依然使用 Python，但是，箭头指向的圆圈代表的是 2017 年的值。很难理解了吧？这不能怪你。

批评 3：箭头使用过多　一旦选择了这种形式，纵横交错的箭头就不可避免。看图者沿着箭头一直看下去，需要集中注意力。尽管我们努力将大多数标签保持对齐，而且这种努力确实令人印象深刻，但还是无法避免这种形式固有的复杂性。人们很难看出从某个平台到另一个平台的转换是如何进行的。

2. 针对如何显示这些数据，我尝试了六种形式和七种图。每种数据可视化方法都有其优点和缺点。我将在这里讨论它们，从我认为有效性最差的着手。

饼形图　这个练习有效地展现了饼形图的局限。这两组比例的相同性，使得人们很难马上看懂其中的变化，在这种背景之下，我们只关心变化。如果我不把百分比值放在饼形图的各个部分中，甚至很难猜测到底有多少变化在图中表示出来。更重要的是，主标题说的是每个平台内部的变化可能比平台之间的整体变化更重要。也就是说，Python 的占比增大是原因，而一组新的比例则是结果。你可以比这做得更好。

Python占比增大，R占比减小

数据科学家纷纷使用Python。

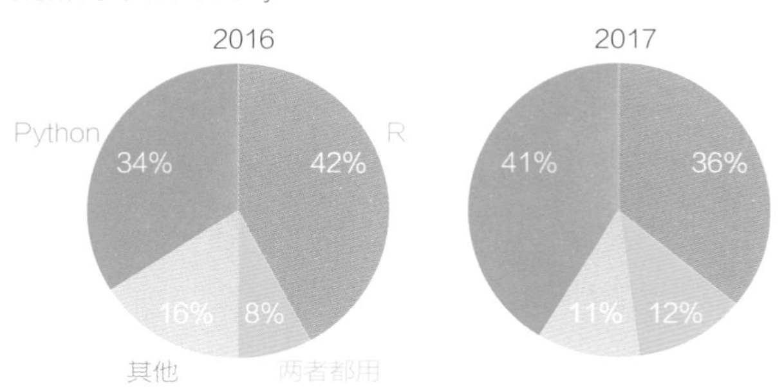

资料来源：kdnuggets.com的数据。

叠加条形图：叠加条形图比饼形图更有效地显示规模中等的变化。但是，用这些图来进行比较时，就像这里一样，这种变化最容易在图的顶部和底部找到，因为它们都是从顶部和底部开始的。中间的条形在不同的起点上漂浮，使得我们不太容易看懂变化。当然，这种形式仍然首先关注平台的整个组成，而不是每个平台内部的变化。我列出了两个版本的叠加条形图，以表现某处细微变化如何改进叠加条形图的效果。第二个版本将不断增长的部分组合在一起，将不断收缩的部分组合在一起，让人更加直观地感觉到，Python 和“两者都用”都在侵蚀 R 和“其他”这两个类别的占比。不过，它消除了 Python 和 R 之间的简单比较，因为它们不再相邻。哪种效果最好，取决于这里的上下文。但是，如果上下文是将 Python 与 R 进行比较的话，那么我认为，其他的数据可视化的形式比叠加条形图更好。如果我们想看到“平台的增长与萎缩”的话，我喜欢这里的第二个叠加条形图。

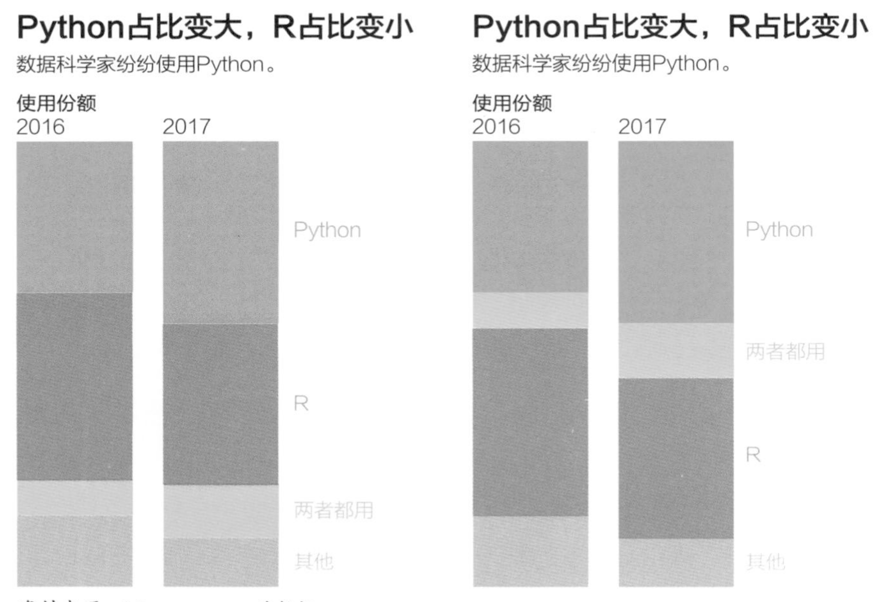

资料来源：kdnuggets.com的数据。

条形图 饼形图使得逐年比较此平台与彼平台变得困难，而条形图则让比较变得容易，代价是看不到使用平台的总体比例。但没关系，这非常简单明了。我看到 Python 的条形比以前高，R 的条形比以前低，假如这像主标题暗示的那样就是我的背景的话，那么我找到了一种很好的图表类型。条形的组织也有整齐划一的效果，从两个小组中抵消了两个大组带来的视觉差距。

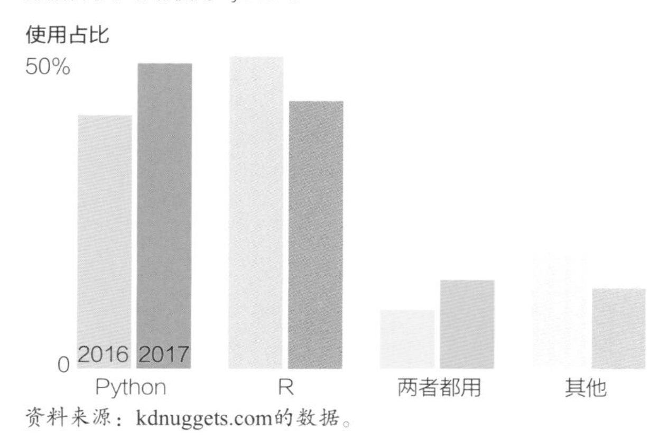

资料来源：kdnuggets.com的数据。

斜率图　尽管我在绘制与条形图完全相同的信息，但这些斜线传递的信息有所不同。条形图表示两个时间点的二元比较，这些斜线则显示出随时间推移的方向趋势。在条形图里，R 的占比下降了，在这里，它也在下降。注意动词时态的不同：一个是完成时，另一个是进行时。你几乎可以想象这些线条一直延伸到未来。这些斜线展示出，Python 正与 R 交叉或正穿过 R。在其他大多数情况下，这和条形图表达的意思是一样的，它也区分了“主要因子”和“次要因子”。如果这是我们的背景，那就很好。

Python占比变大，R占比变小

数据科学家纷纷使用Python。

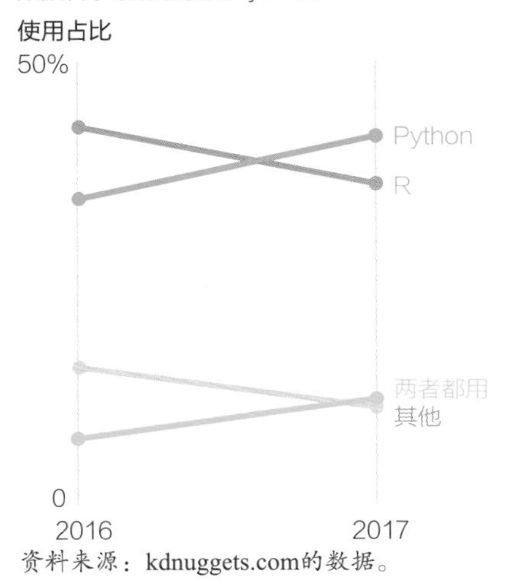

资料来源：kdnuggets.com的数据。

表格 到目前为止，还没有哪种形式显示怎样来重新调整这种比例（这是原始图表试图显示的；在众多的背景下，这将是最关键的数据），这不是表明变化发生了，而是表明哪个因子在朝什么方向移动。为了设想原始图表的替代形式，我首先将其分解为一个数据电子表格。我盯着它，心想，这招真管用。为什么是表格而不是可视化图形呢？首先，数据不多，总共才 20 个数据点，分成两个集群：第一，占比和转移；第二，它清晰而全面。如果看图者有几分钟时间来研究这些数据，我可以把所有的数据点都展示给他们。如果我在一间会议室里演讲，可能不会用它，因为将所有数据点都展示出来，会使得所有人都开始看而不是听我演讲。不过，我还是可以将它呈现出来，然后采用高亮突出的办法把人们的注意力吸引到一两个重点上。

分析平台的变化情况

数据科学家纷纷使用 Python。

占比（%）

	2016	2017
Python	34	41
R	42	36
两者都用	8	12
其他	16	11

占比的转移（%）

	从 Python	从 R	从“两者都用”	从“其他”
到 Python		10	38	19
到 R	5		11	17
到“两者都用”	4	15		4
到“其他”	1	1	1	

资料来源：kdnuggets.com 的数据。

冲积图　下面这组数据的表现形式是我最喜欢的。我发现，这个冲积图是比较简单比例（两边都有条形图）和有效地将数值从一组（通过曲线）传递到另一组的最佳组合。转移与总数成比例。“箭头”（在本例中是各种流线）发挥了真正的作用，很好地说明了有多少人不再使用 R，转而使用 Python，或者将 Python 的使用添加到 R 的使用之中，诸如此类。此外，尽管这些曲线纵横交错，但它们条理清晰，易于追踪。

这不是一个典型的形式。我之所以采用这种图，是因为转移的最初含义。如果你听到像“流动”“从这里到那里”“从那里蜂拥而来”之类的表述，你可能很想画一个冲积图，看看它是否能发挥作用。用于创建冲积图的工具是一个名叫 Raw（rawgraphics.io）的简单工具，但是，包括 Plot.ly、Tableau、R 和 D3 等编程库在内的其他一些工具也可以制作冲积图。它们是桑基图的“近亲”。冲积图倾向于通过所有步骤连接所有流线，而桑基图倾向于显示具有多个终端的更复杂的网络流。

Python占比变大，R占比变小

数据科学家纷纷使用Python。

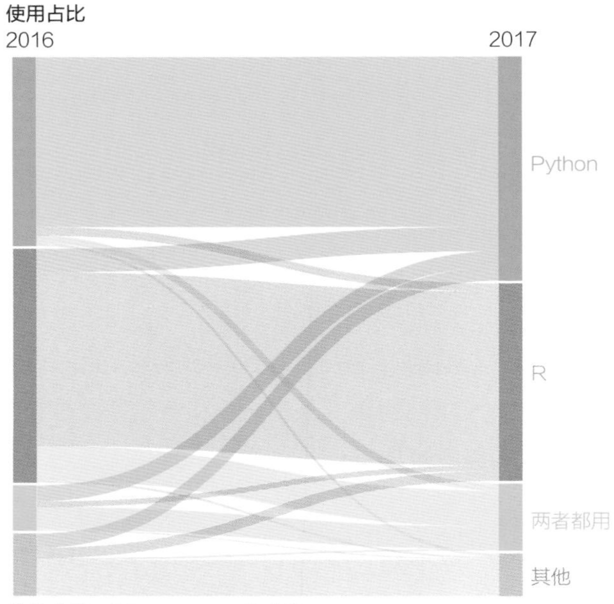

资料来源：kdnuggets.com的数据。

威士忌大挑战

有时我们不从可视化图形开始，我们只有一些数据。这些表格列出了威士忌和它们的一些重要属性。现在，我们需要将数据转换为可视化图表，就是这样。我们来做吧。

请考虑数据是怎样自然而然地组织的，也想一想你可能操作组织原则的方法，也就是说，思考这些问题：数据是否适合于任何特定的表现形式？适合加入时间轴吗？适合应用地图吗？适合应用散点图吗？接下来，把数据放在一边，试着向别人描述这种特定的表现形式。告诉他，你想用它来展示什么。鼓励人们提问，倾听那些可能激发你的可视化灵感的关键词。然后，实践你的想法——画出草图，直到你喜欢自己解决这个问题的那种方式为止。当你认为你已经弄懂了它，就做一个整洁的纸质模型，它将暗示最终的图表会是什么样子，而且，模型中的数值、颜色及标签，都将与真实的情况十分接近。

接下来，根据其他人的对话，尝试完成以下练习。阅读这些对话，突出关键的词和短语，并根据对话内容勾画可能的可视化图形的草图。

1. “我觉得口味的范围真的很有趣。”

“这话怎么说？”

“类似于柑橘味、胡椒味、饼干味，甚至是药味之类的这些描述，以及口味的范围和它们之间的相互作用，真的有趣。”

“它们怎样相互作用呢？”

“是这么回事，所有的口味基本上都介于威士忌是清淡的还是浓郁的、柔和的还是烟熏的之间。如果你知道这两者如何相互作用，就可以理解各个口味组合的区域。”

“这样你就能知道威士忌的口味了？”

“对，每个频谱都有分数。但是我认为，只要说到展示这些口味如何相互作用，那些描述最有趣。我的意思是，把它们画在背景里也许不错，但我敢打赌，很多人不知道威士忌的口味是怎么回事，所以只要看到这些描述的分布就好。”

	年份（单位：年）	成本（单位：英镑/升）	柔和的到烟熏的/清淡的到浓郁的（0～10）
艾拉岛			
阿贝	10	60	9.8/1.2
波摩	12	51	7.6/6.3
布赫拉迪	15	171	5.4/6.2
邦纳海贝因	12	63	2.8/6.6
卡尔里拉	12	63	8.8/4.1
拉加维林	16	79	9.2/7.7
拉加维林酒槽	0	570	8.8/9.4
拉弗格	10	58	9.2/2.3
苏格兰高地			
安努克	12	44	4.2/3.4
阿伦	10	50	3.8/3.9
阿伦	14	63	4.2/4.8
达尔维尼	15	56	4.9/3.4
经典格兰杰	0	49	3.4/4.9
格兰欧德	12	160	6.9/4.2
海兰帕克	12	46	7.2/6.6
茱拉小岛	0	49	3.2/3.0
奥本	14	71	5.8/4.9
老富特尼	12	48	6.2/6.2
皇家洛赫纳加	12	53	4.0/4.0
塔里斯可	10	55	8.2/4.3
塔里斯可	18	106	7.6/7.3

	年份（单位：年）	成本（单位：英镑/升）	柔和的到烟熏的/清淡的到浓郁的（0～10）
斯佩塞			
巴尔维尼双木	12	55	3.8/7.5
本利亚克	16	93	7.1/5.1
卡都	12	54	4.6/3.8
克拉格摩尔	12	51	6.0/6.4
克拉格摩尔酿酒厂	0	83	6.0/8.5
戴柳尔因	16	79	4.9/9.1
格兰菲迪	12	46	2.8/8.3
格兰菲迪	15	59	3.4/8.8
格兰菲迪	18	99	3.6/7.3
格兰菲迪	21	164	3.6/9.0
格兰菲迪	30	714	3.9/9.3
格兰威特	12	65	3.4/4.0
格兰威特	15	59	2.0/7.3
格兰威特	18	129	2.6/8.9
格兰威特	21	269	2.8/9.0
格兰威特	25	500	3.4/9.2
林克伍德	12	67	4.2/2.6
麦卡伦	10	108	4.6/9.3
苏格登达夫镇	12	52	4.9/7.3
低地与坎贝尔镇			
格兰昆奇（低地）	12	55	3.6/2.8
斯布林邦克（坎贝尔镇）	10	61	7.0/2.7

特征	口味描述
浓郁加上……	
……烟熏	辛辣，烟熏，富含泥煤
……一点点烟熏	干果，雪利酒，浓郁
……一点点柔和	五香，像木头味的综合口味
……柔和	坚果，大麦，饼干的微妙口味

特征	口味描述
清淡加上……	
……柔和	花香，含药草，青草的清新
……一点点柔和	新鲜水果，柑橘，爽口
……一点点烟熏	五香，烩水果，成熟
……烟熏	药用，干烟，胡椒味

2. “我对不同地域的威士忌的差别非常着迷。”

“这话怎么说？”

“嗯，有五个迥然相异的地区，我不知道是否有个地区以威士忌的某种特殊口味而闻名。”

“你想怎么表现威士忌的不同口味？”

“你可以把各种威士忌的口味画在两根轴线上，其中一根轴线表示烟熏 - 柔和程度，另一根轴线表示清淡 - 浓郁的程度，然后看各种威士忌落在两根轴线的什么位置。”

“如果一个区域有一个简介，你会看到集群吗？”

“没错。唯一的问题是，有太多的东西要描绘出来。”

“那又怎样？”

“我想那也许会很挤。如果我一次只做一个，图表可能更容易阅读。”

3. “哇，威士忌的价格范围很广啊。我想知道贵的有没有什么特别的口味。”

“贵的是哪些？”

“有的价格高达每升数百英镑。大多数都集中在 50 ～ 100 英镑的价格区间，但也有一些比我列出的价格高得多。”

“为什么有的威士忌贵了这么多？”

“我认为这与年份有关，或许还与名气有关。我不知道。”

“你能把年份加进去吗？看看年份越久的是否越贵？”

“我喜欢这样，年份对比价格。”

“或者年份与口味的对比？年份越久的威士忌是不是往往形成

了某种口味？”

“也许我可以同时做这三件事，对比年份、价格和口味？”

4.“这里有很多有趣的变量，但我想把重点放在简单的比较上。”

“为什么？”

“我认为在这种情况下，对看图者来说，每次只做一次比较将会更好。我不希望他们在演示过程中坐在那里想要一劳永逸地找出三四个变量。我只是希望能够一遍又一遍地展示‘这个对那个’和‘那个对这个’。”

“所以，类似于价格对比年份，烟熏对比区域，诸如此类。”

“没错。这样既整齐又简单，每次只进行一个对比。”

讨论

我希望你会和我一样，觉得这里的讨论十分有趣。我往往专注于某种特定的形式，比如 2×2 散点图，但我希望并期待你们中的许多人能找到其他办法来完成这个可视化练习。对我来说，很难不把威士忌中口味的两根“轴线”作为我的核心结构，不过你将会发现，至少在一个练习中，我没有用到它。我试图摆脱 2×2 矩阵，但这让事情变得越来越复杂，因为我知道，我必须分别表现每种口味的评分。例如，我若是选择了条形图，那么，每种威士忌都需要一个烟熏指数的条形图和一个浓郁指数的条形图。

1. “我觉得口味的范围真的很有趣。”

“这话怎么说？”

“类似于柑橘味、胡椒味、饼干味，甚至是药味之类的这些描述，以及口味的范围和它们之间的相互作用，真的有趣。”

“它们怎样相互作用呢？”

“是这么回事。所有的口味基本上都介于威士忌是清淡的还是浓郁的、柔和的还是是烟熏的之间。如果你知道这两者如何相互作用，就可以理解所有这些不同口味组合的区域。”

“这样你就能知道威士忌的口味了？”

“对，每个频谱都有分数。但是我认为，只要说到展示这些口味如何相互作用，那些描述最有趣。我的意思是，把它们画在背景里也许不错，但我敢打赌，很多人不知道威士忌的口味是怎么回事。所以只要看到这些描述的分布就好。”

并非所有的数据可视化图表都重点关注数据点。在这里，交谈一直围绕着这两个指数如何相互作用而展开，而图表制作者则专注于味道的描述。这里的两条主要线索是“介于”和“区域”。一旦我决定不描绘威士忌的具体分数，我就着重用一种更具概括性的方法来绘制各种细分的威士忌的口味。通常，使用 2×2 矩阵时，在绘制数据之前为象限创建定义，有助于确立可视化空间。特别是在演示中，在填充之前展示空白的画布可能会有帮助。在这里，作为视觉上的点缀，我在背景中淡淡地绘制了数据。这可能只被当成是一种装饰，但它也表明，威士忌将在这幅图上随处可见。

威士忌地图

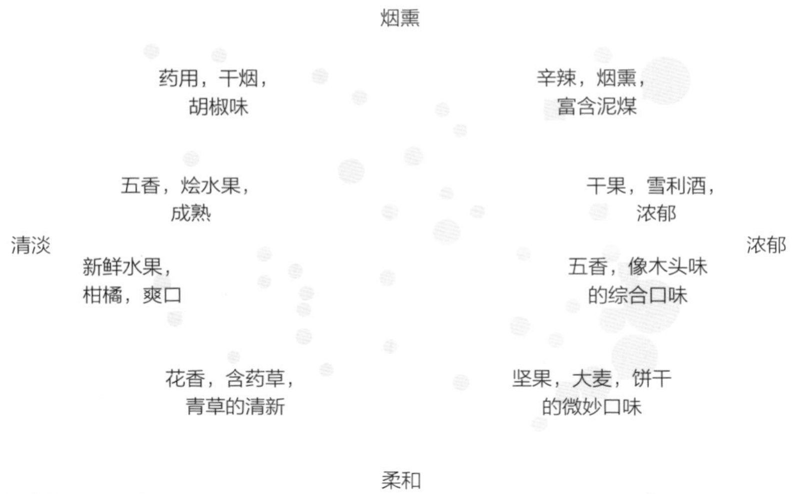

烟熏

药用，干烟，
胡椒味

辛辣，烟熏，
富含泥煤

五香，烩水果，
成熟

干果，雪利酒，
浓郁

清淡

浓郁

新鲜水果，
柑橘，爽口

五香，像木头味
的综合口味

花香，含药草，
青草的清新

坚果，大麦，饼干
的微妙口味

柔和

资料来源：麦芽威士忌风味地图，受Diagio启发，基于Uisce Beatha创建的SVG。

2.“我对不同地域的威士忌的差别非常着迷。”

“这话怎么说？”

“嗯，有五个迥然相异的地区，我不知道是否有个地区以威士忌的某种特殊口味而闻名。”

“你想怎么表现威士忌的不同口味？”

“你可以把各种威士忌的口味画在两根轴线上，其中一根轴线表示烟熏－柔和程度，另一根轴线表示清淡－浓郁的程度，然后看各种威士忌落在两根轴线的什么位置。”

“如果一个区域有一个简介，你会看到集群吗？”

“没错。唯一的问题是，有太多的东西要描绘出来。”

“那又怎样？”

“我想那也许会很挤。如果我一次只做一个，图表可能会更容易阅读。”

画这张图的草图，证实了将所有东西都绘制在一张图上会有多么拥挤，但是，对各个地域使用不同颜色来区分，似乎是一种很好的方法，因为这里只有 5 种颜色，而在这些颜色中，只有 3 种具有多个数据点。这张图作为一个添加了一层地理信息的图例是很好的，但是，更简单的点图例也很好。

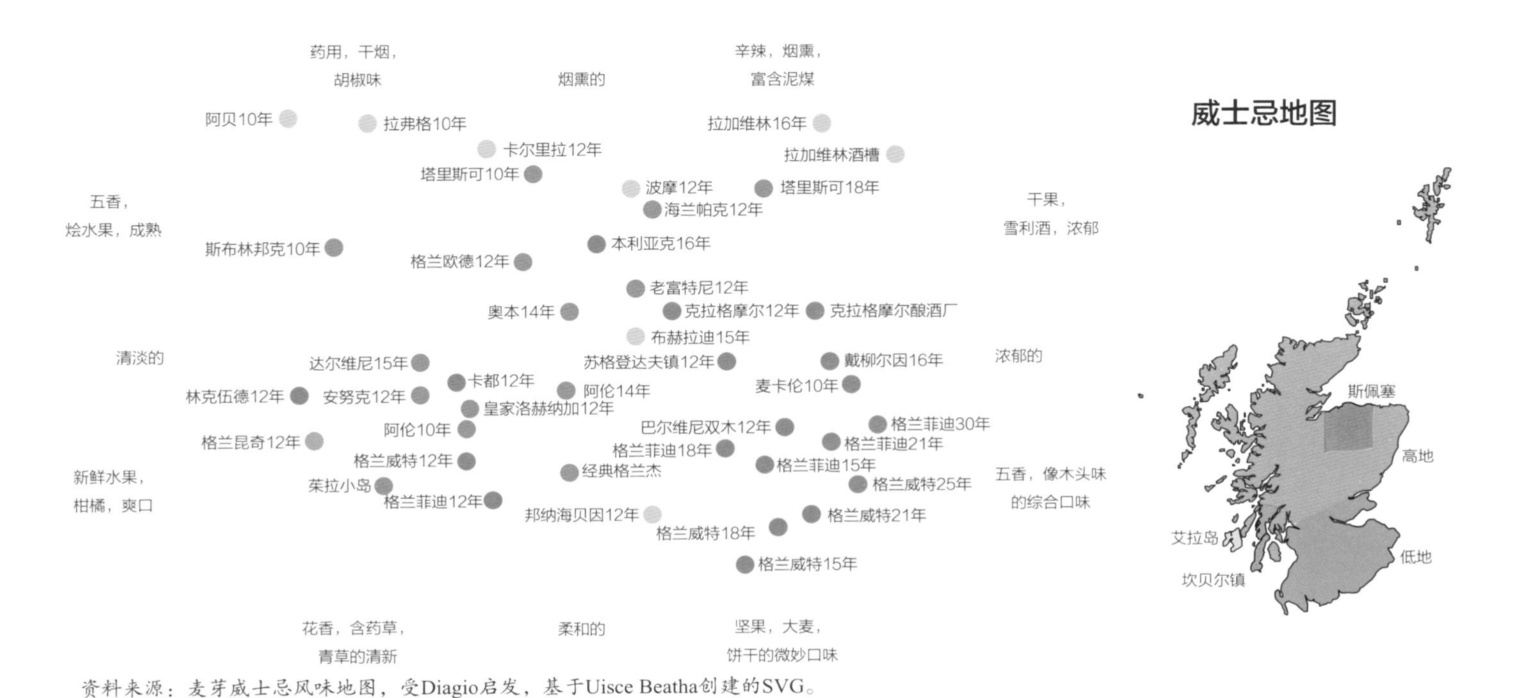

资料来源：麦芽威士忌风味地图，受Diagio启发，基于Uisce Beatha创建的SVG。

虽然颜色看起来是可以被掌控的，但是标签在这里更难分类。当我听到“一次只做一个”时，它把我的想法变成了多个小图——这是一个减少复杂性的强大工具。要使用多个小图，你必须一次性确立结构。我用大地图来做。现在，通过将这些数据可视化图表配对着看，我便可以放心地使用主图了，当然，是在我有时间的时候——因为它不是你扫一眼，就能有了想法的。但是，多个小图很好地突出了上述的区域集群。无须做太多的工作，我们就可以看到，艾拉岛威士忌通常是烟熏非常厉害，高地的威士忌囊括了全部的范围，斯佩塞的威士忌浓郁。

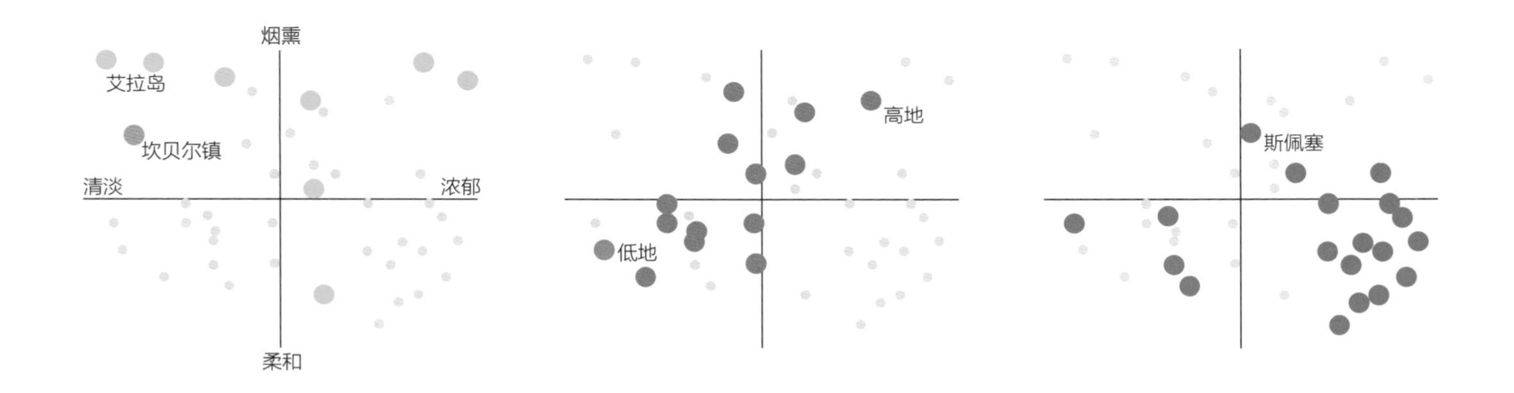

多个小图的美妙之处在于，一旦你确定了结构，就可以针对任意数量的变量使用它们。你可以使用价格、年份或者其他任何你想要的变量来重复利用这种形式，其中的几个变量可以放入一个合理的空间。

3. “哇，威士忌的价格范围很广啊。我想知道贵的有没有什么特别的口味。”

“贵的是哪些？”

“有的价格每升高达数百英镑。大多数都集中在 50 ～ 100 英镑的价格区间，但也有一些比我列出的价格高得多。”

“为什么有的威士忌贵了这么多？”

“我认为这与年份有关，或许还与名气有关，我不知道。”

“你能把年份加进去吗？看看年份越久的是否越贵？”

“我喜欢这样，年份对比价格。”

“或者年份与口味的对比？年份越久的威士忌是不是往往形成了某种口味？”

“也许我可以同时做这三件事？对比年份、价格和口味？”

这将任务推到了极致复杂的地步：2×2 矩阵，还包含四根轴线——烟熏 – 柔和的评分、清淡 – 浓郁的评分、年份及价格。我使用了空间、颜色和大小来区分数据。这是大量的任务，但我们依然可以快速看到趋势和想法。不难看出，昂贵的威士忌往往口感醇厚，而且年份越久越香；当我们向右移动时，气泡变得越大、越暗。在大多数情况下，价格贵的威士忌是浓郁而柔和的。

尽管这张图很复杂，但它有一种罕见的能力，能让我们快速地得到一个想法，而且，如果我们想要更深入地思考这里发生的一切，它还能让我们花时间来研究它。不过，在这张图中，我们没有再显示地区的信息，如果这很重要的话，我们必须采取另一种策略。

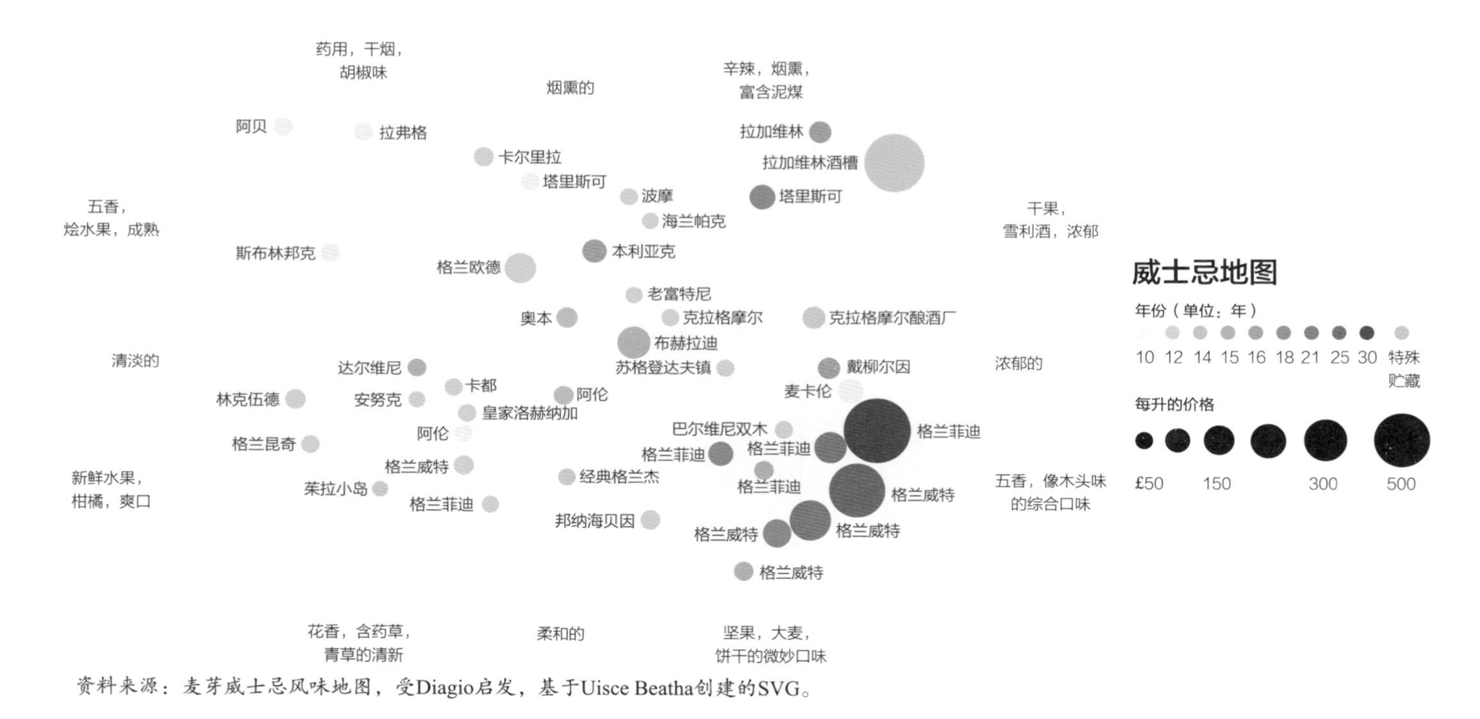

资料来源：麦芽威士忌风味地图，受Diagio启发，基于Uisce Beatha创建的SVG。

4.“这里有很多有趣的变量，但我想把重点放在简单的比较上。”

“为什么？”

“我认为在这种情况下，对看图者来说，每次只做一次比较将会更好。我不希望他们在演示过程中坐在那里想要一劳永逸地找出三四个变量。我只是想能够一遍又一遍地展示‘这个对那个’和‘那个对这个’。”

“所以，类似于价格对比年份，烟熏对比区域，诸如此类。”

“没错，它既整齐又简单，一次只进行一个对比。”

从这段对话中可以清楚地看出，先前工作的深度和复杂性并不适合这次演示，假如看图者有时间花在图表上的话，才是适合的。“一次只进行一个对比”这句话以及“这个对那个”的描述，暗示着任何数量的简单双轴线图（例如条形图），在这里都可以很好地发挥作用。我选择了紧凑的点图，也就是说，把所有数据都绘制在一根水平轴上。集合内的比较很容易，因为你只需要测量点与点之间的距离，不需要测量可能不相邻的条形之间的高度差。这些比较很简单：区域对浓郁，年份对烟熏。你还可以考虑价格对年份、价格对浓郁等。

威士忌年份与口味

每个点代表一种威士忌。

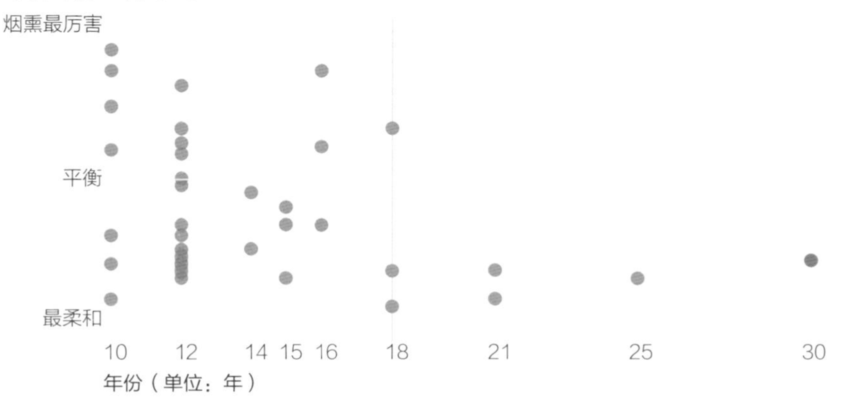

将点图巧妙地叠加起来，就形成了一种散点图。这在年份 - 烟熏的图上表现得更为明显，我们可以查看任何年份或所有年份的威士忌，而且从中可以看出，较陈年的威士忌不进行烟熏。

点图是一种显示简单比较的强大方法。你可以在这里创建你想要的任意数量的对比。但是要注意，我没有标记单独的数据点，这是点图的一个缺陷。点图的紧凑性意味着它不利于全面标记。如果展示每个品牌的威士忌都很重要，你在这里就不会使用点图了，可以试试条形图或者其他类型的图表。如果你想标记一些特别感兴趣的数据点，仍然可以使用点图。

重要的是，尽管这个练习是从大量数据点开始的，但这些数据还是只来自 6 个变量，而我能够将它引申和调整成几种不同的表现形式，并召唤出更多我没有绘制的图表。我经常惊讶于我们可以造就多少种变化，就像在音乐中，音乐家可以只利用几种和弦，就谱写出无数种曲调。

第 4 章

练习说服

Chapter 4

"转变是每个人的天性。"
——德国诗人、作家歌德（Goethe）

让人们从数据中理解你的想法是件好事，但让人们因为他们所见而改变自己的想法，这就不那么简单了。想要改变人们的想法，打破他们的假设，赢得盟友，或者仅仅是得到资助，你就必须说服他们，而不仅仅是告诉他们。但是，说服他们并不容易。这需要在咄咄逼人与克制冲动之间保持平衡。你必须积极地将人们的目光和思想转移到你想让他们去的地方，但不能通过操纵图表来做到这一点。说服与不公平操纵之间的界限很模糊，尽管如此，你也绝不能越过这一界限。

如果有人向你提建议，告诉你应当完全避免去说服别人，那么这些建议也是错误的。不带任何主观观点来消极地报告统计数据，不符合现实。事实上，这是不可能的。任何图表都是一种操纵，你会有意无意地围绕如何利用空间、包含或排除些什么、何时突显或淡化等方面做出自己的决定。你得做出正确的决定，这样图表才有说服力。想一想，对于移民这样的热点问题，同样一组数据，是如何被用来制造出两种截然不同的视觉效果的。

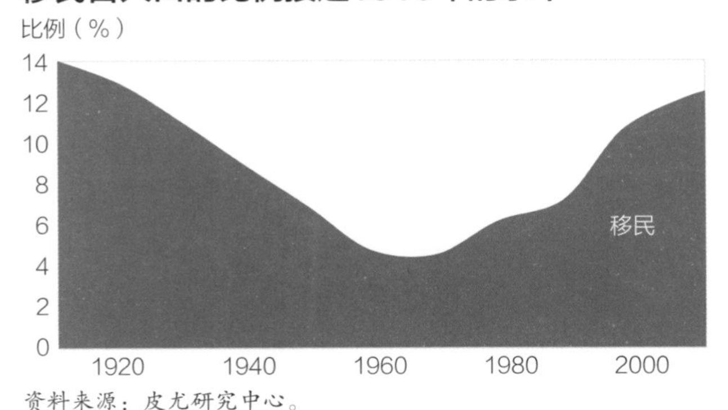

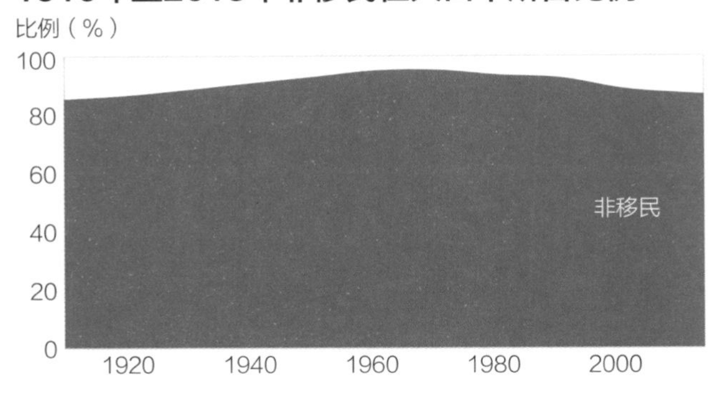

资料来源：皮尤研究中心。

在设法让图表具有说服力时，请遵循以下指导方针。

1. 改变你提出的涉及背景的问题　我在制作图表之前，会问自己：“我想说些什么？对谁说？在哪里说？”这有助于我形成可视化的图形，以正确的格式将正确的想法传达给正确的人。说到具有说服力，这个练习可以通过添加一个新的提示来修改：我需要说服他们……将“我想说，竞争对手的收入在增长”和“我需要说服他们，竞争对手的收入增长对我们是一个真正的威胁”进行比较。后者可以带来不同的可视化解决方案。

2. 强调和突出　为了让你的可视化图表更有说服力，对最重要的信息进行亮化处理。将看图者可以集中注意力的地方限定在少数几个，让他们的眼神转移到你想让它们去的地方。如果竞争的威胁能够说服他们改变策略，那就强调这种威胁，使之更加突显、色彩更加丰富，将其他所有东西都变成浅色或灰色。这样的话，次要的信息就会让步，你的重点就不必是费力去吸引别人的注意了。这条建议在一定程度上适用于所有图表的制作，但在本着说服他人的目的而制作的图表中，你要做到直白。说服的时间不是用来追求深度、注重细微差别和关注细节的。保险公司的广告不会通过在某个结构化的表格中提供他们所有的计划和价格来说服你购买他们的产品，以便你做出明智决定。他们的广告会这样说：“15 分钟的时间（听我介绍），可以为你节省 15% 甚至更多。”你要着重强调和突出某个观点。

3. 考虑你的参考点　突出的最终形式是删除任何不直接支持你观点的信息。如果重要的是过去三个月的库存情况如何，那就把电子表格中一年前的库存数据删除，放大最重要的部分。如果你的报告总是在比较四个地区的业绩，但其实只想重点关注其中的两个地区，那么请删除另外两个地区的业绩。如果你向看图者提供一个图表，而他们却根据图表提出了多种解释，那么你就没有说服力。而且，你提供的数据越多，他们就越有可能找到其他的解释。

不能拘泥于你的数据集，而要想一想，你可以添加些什么到图表中，以增强图表的说服力。新的和不同的比较点可以让看图者以新颖的方式来理解他们熟悉的东西。一份通常显示工作时间损失的关于生产力的报告，可能会将等量（Full Time Equivalent，FTE）岗位的情况可视化，如果时间的损失得到补偿的话，就可以填补这些等量岗位的空缺。新的参考点可以将人们的思维从损失了多少小时时间转移到损失的时间的价值。

4 指出问题所在　让人们移动眼球并不难，指示符、分界线和简单的标签，都在向看图者表明什么是重要的。突出显示散点图的某个部分，可以清楚地表明这是“活跃区域”。要用箭头指向数据中的缺口，并将其标记为“机会”，这是明确的。这个缺口本身就能吸引看图者的视线，标签告诉看图者该怎么想。你可以在线形图中添加一条“危险”线（可能是红色的）。如果趋势跌破这条线，就到了恐慌的时候。我们看到了与观点相关的趋势。它让我们思考，越过某条线到底意味着什么。

5 诱惑　颠覆预期可能具有强大的说服力。如果你用看图者希望看到的视觉效果来确定图表的基调，然后向他们展示，现实与他们的期望有多大不同，那么你就制造了一个心理紧张的时刻。这迫使他们调和这种脱节，也就是说，逼着他们思考，为什么他们认为正确的东西并不正确。相反的证据是具有挑战性的，会引发讨论：你以为我们的数据是这样的，它实际却是这样的。这种方法能够很好地让观众在演示中感到快乐和投入。

6 专业提示：使用叙述结构 没什么比故事更有说服力，更加富含独特的人性。讲故事是人们最有效的沟通方式。人们不只是对别人讲述的故事做出一般的反应，他们还渴望听故事。所以，要用你的图表来讲故事。“用数据讲述故事”这句话，已经显得过时了。许多人都在提这种说法，但大多不知道它的真正含义。我的意思是，你可以使用故事的基本结构来制作一张图表或者一系列图表，这会让你受益的。所谓故事的基本结构如下。

- 开始：让我向你展示一些现实情况。
- 冲突：这是发生在那一现实中的某些事情。
- 解决：这是冲突后的新的现实。

在大多数故事中，冲突或者“升级的行动”是对抗性的。一场风暴、一场决斗，或者一位已婚人士意想不到的爱情。借助图表，我们可以自由地解释“冲突”这个术语。它通常是对抗性的，但有时只是一次改变而已，甚至是一次积极的改变。你有可能争取到了一家大客户，或者赢得了职务晋升。涉及时间要素的数据集（按季度注册报名，或者是夜间的快速眼动睡眠）有助于讲故事，但其他数据集也适合采用这种结构。

以下这些练习设计用于提升说服技能。你要想方设法增强你的想法的说服力，而不是采用欺骗手法来操纵。对于这些练习，不要担心替代形式、颜色选择或者其他考虑，除非它们有助于说服。

热身练习

1. 右侧哪句陈述是制作有说服力图表时用作背景的很好起点？

A “我需要向他们展示我们的海外市场收入在不断下滑。”

B “我希望他们能看到每个市场的两年营收趋势，这样他们就能明白，在13个海外市场中，大部分市场的营收下降幅度都大于我们国内市场的下降幅度——下降的百分比高于季节性或历史平均水平。”

C “我得向他们证明，海外市场收入的趋势令人担忧，尤其是在过去的六个月里。”

2. 右下方这张图显示了员工休假天数的急剧下降。请辨别两个可能造成不公平操纵的因素。

美国假期急剧减少

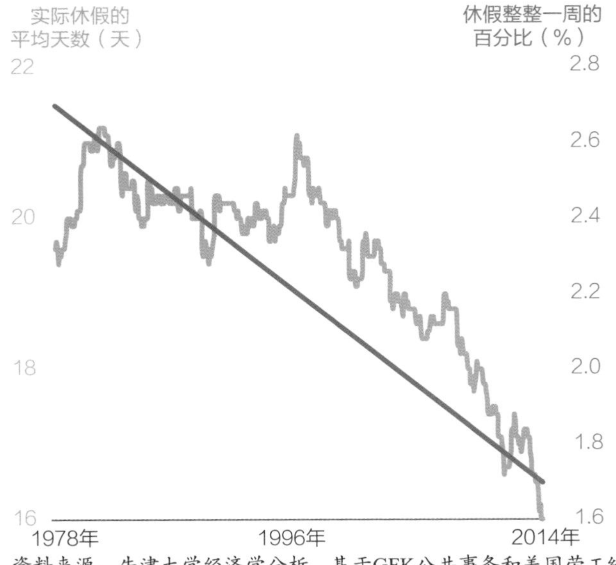

资料来源：牛津大学经济学分析，基于GFK公共事务和美国劳工统计局的通讯调查和数据（2014年）。

3. 你想说服你的老板，在推销新的信用卡时，营销部门应当将目光聚焦在更少的产品特点上。你的分析告诉你，只有前三个特点，才提供了有意义的新客户转换，也就是说，才吸引了潜在客户办理信用卡，成为新客户。为提升说服力，请画出草图。

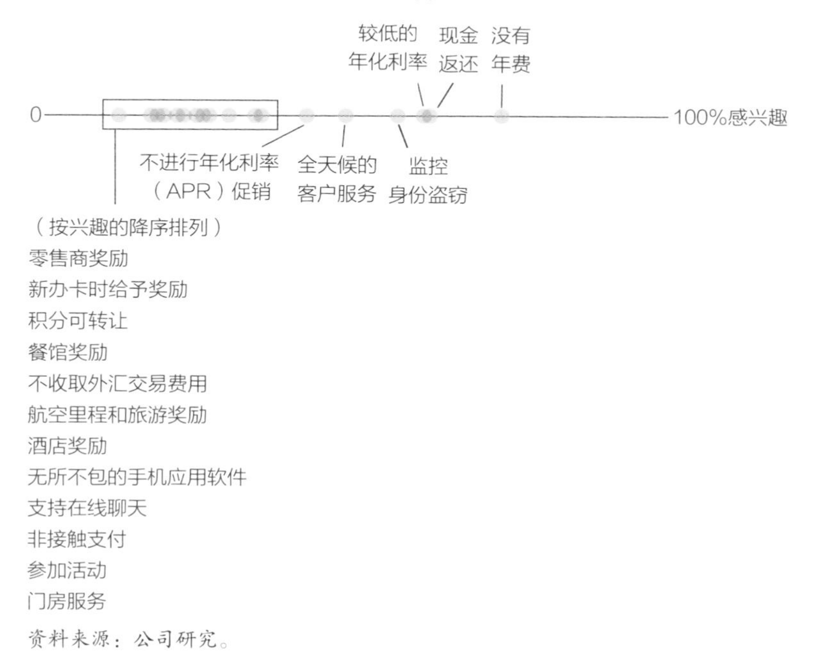

资料来源：公司研究。

4. 针对上图的新背景：你的老板深信不疑地认为，零售奖励和移动应用软件将推动信用卡的办理。为一份数据演示画出草图，让老板相信事实并非如此，并且告诉他，你认为他应当坚持信用卡业务的基本特点。

5. 散点图显示了数百名美国橄榄球运动员的体重（横轴）、身高（纵轴）和速度（圆点颜色）。你想说服看图者，美国橄榄球运动员的身材十分魁梧、强壮。列出一些你可以改变散点图的方法，添加或删除一些参考点，使上述观点更加清晰且更有说服力。

6. 你在一年时间里收集了街角噪声污染水平的数据。列出一些没有包含在你的数据中的参考点，你可以将它们添加到图表中，以帮助说服人们，这个街角的噪声令人无法接受。

7. 你想向你的团队展示，在中午 12:25 到下午 14:10 之间，你的网站有机会增加流量。调整这张图表，使它在这一点上更具有说服力。

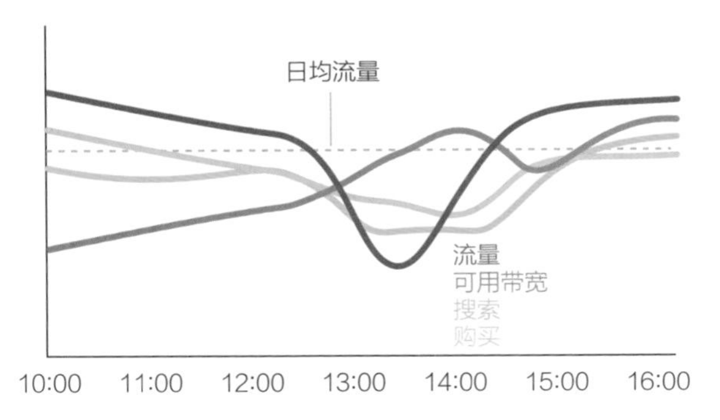

8. 下列哪一句陈述最有可能导致图表变成不公平操纵？

A “我得让他们相信，他们设定的年终目标太高了，这样激进的目标没有历史先例，我们注定会失败。”

B “我必须让他们知道他们是多么荒谬，他们这样做只是为了让我们难堪。年底的目标太离谱了，到第一季度末，我们基本上就会失败，没有成功的机会。他们不能再像个白痴那样了。”

C “我想告诉他们，我们实现他们为今年设定的目标是不可能的。”

9. 这里的散点图显示了费用与下载速度之间合理的线性关系。但是，线形图却表明，下载速度不是一个线性函数。如何调整散点图来强调这样一个观点——“我们对带宽价格的感知是扭曲的”？

网络速度的价格

每月价格（美元）

140 –
100 –
60 –
20 –

0 50 100 150

下载速度
MB/秒

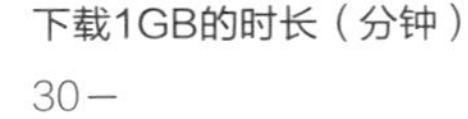

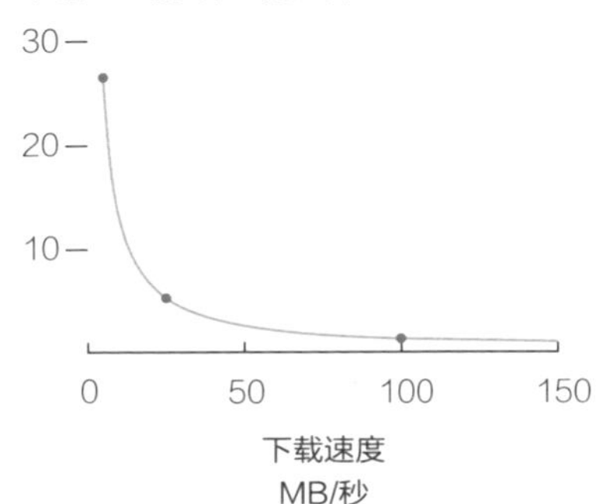

资料来源：斯蒂法诺·蓬托尼。

10. 用这个图讲个故事。写出开始、冲突和解决，然后以草图的方式，来展示你如何呈现故事的每个部分。

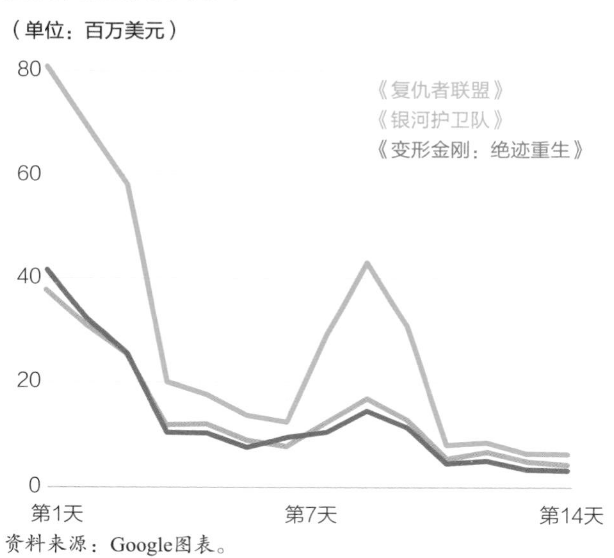

资料来源：Google图表。

讨论

1. 答案：C　这句话语气迫切，而且具有指向性。答案 A 过于被动和笼统。说 A 这句话的人只是想向人们展示一些东西，话中既没有分析，也没有表现说服他人的冲动。他可能认为这是一个令人不安的趋势，但是，因为他没有明确表示过，所以图表不太可能反映出这种不安感。答案 B 充满了细节，这些细节之多，可以画成两三个图表。这句话没有明确的指向性，也没有令人信服的观点。说话的人在描述数据，而不是想让看图者理解观点。而在答案

C 中，你几乎可以看到一个有说服力的图表：一条主线代表过去六个月的海外收入，图中还有一条灰色的次要的线来代表国内收入，或者是另一条显示历史趋势的线。

2.（1）宽度　图表越窄，意味着“山坡”越陡峭。有时候，你只有有限的空间，或者只需要使用某一固定的空间。例如，你可能遇到同页内有两个图表的情况。但是在一次典型的演示中，在一个普通的屏幕上，或者在一张纸上，你就有足够的空间让时间序列保持水平。图表在拓宽时，趋势仍在下降，但看起来不那么陡峭了。也就是说，这种下降需要时间。

资料来源：牛津大学经济学分析，基于GFK公共事务和美国劳工统计局的通讯调查和数据（2014年）。

（2）截短了的纵轴　另一种使曲线变陡的方法是从纵轴截短数值。数值更少，意味着它们之间的距离更大。这里，我将纵轴的范围限制为数据中的高值和低值——这是一种常见的方法，有时候是可行的。（比如，聚集在 1 和 1.1 之间的科学数值，可能不会受益于一根完整的纵轴，这样的轴线会将所有数值紧密地聚集在图中的一小块区域之中。有意义的数值之间的差异可能是隐藏的，或者，由于是一根完整的纵轴，使得我们难以看清楚这些差异。）这里我们讨论的是假期，不管是 1 天还是 21 天。整整一周的假期的百分比应该从 0 开始。在这里，有效地截短纵轴意味着隐藏数据。这张图无疑突出了下降趋势，但是，让它显得如此急剧，是不是公平的？看看没有截短坐标轴的相同数据：至少，下降的趋势似乎没有那么陡峭了。

美国假期急剧减少

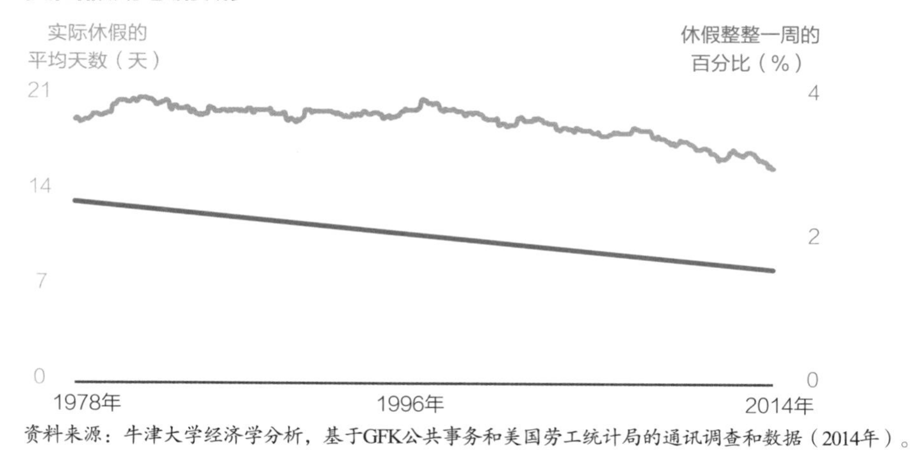

资料来源：牛津大学经济学分析，基于GFK公共事务和美国劳工统计局的通讯调查和数据（2014年）。

3. 我的方法是从图表中删除大部分信息，只添加几个关键标记。原图鼓励我阅读和比较全部信息。我想知道所有这些特征是什么以及它们在人们的兴趣范围内究竟处在什么位置。即使我把这一组特征看成一个变量，仍然有七个变量要比较（前六个和“其他”）。

但是，难就难在让老板相信公司应该将目光聚焦在更少的产品特点上。一个简单的方法是把他们的注意力移开，以便他们能看向你想让他们看的地方。只标注好的特点，其余的特点就变成“不会转换”。这条分界线，将使得你的观点更加明确。

哪些特点几乎没有吸引客户开设账户

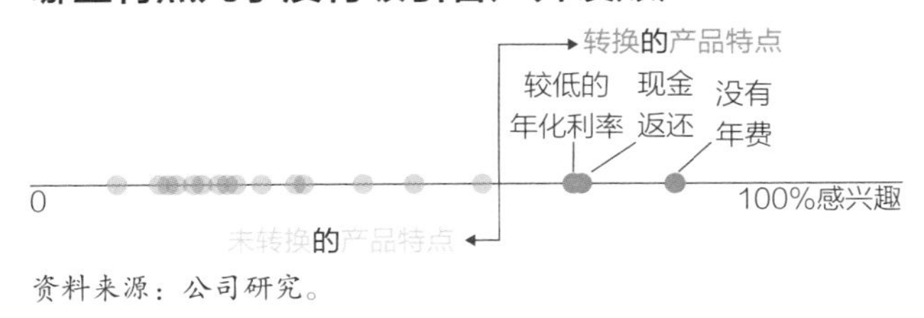

资料来源：公司研究。

请注意：如果使用这种说服方法，你最好能为你的分析辩护。你能解释一下为什么前三个特点能够转换客户以及怎样转换客户吗？为什么其他特点无法转换？如果解释不了，你便会进行武断的区分，让人觉得你在不公平地操纵。做好谈论你没有标记的变量的准备，因为老板很可能提出关于它们的问题。比如，没有标记的变量是什么？如果你必须选择一个来进一步探索，你会选择哪一个？简而言之，要了解你手上的材料。

4. 这是一个很好的机会来使用吸引程序（lure procedure），它是心理学家用来描述诱饵和转换的术语，这里的诱饵是指老板期望的。他们相信新的特点正在发挥作用，但你的分析表明它们并未发挥作用。通过首先向他展示期望，然后向他展示现实，你就制造了一个令人惊讶的时刻和一个需要调和期望与现实之间差异的需求。老板很想搞清楚，为什么他认为正确的事情不是真的。这是一种引人注目的方式，可以帮助人们以新的方式看待事物。如果在纸上或在小型的会议上呈现，“期望的”和“实际的”图表有可能就足够了。

我为演示设置制作了三张图，下面是图的脚本。

（1）“你知道，我们调查了客户对我们信用卡所有特点的兴趣，我们发现，他们对有些特点比另一些特点更感兴趣。”

是什么吸引消费者办理信用卡呢

0

100%感兴趣

（2）“我们着力增大了零售商奖励，并且突出了应用软件的使用，我们认为客户的确喜欢这些新的特点。那么，这些特点是得分最高的特点吗？”（停顿）

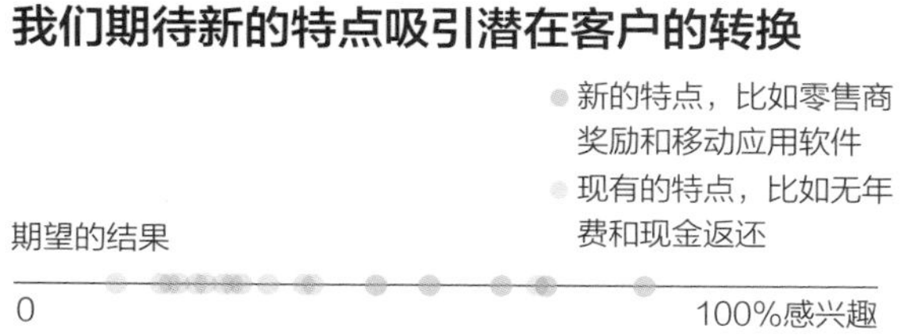

我们期待新的特点吸引潜在客户的转换

新的特点，比如零售商奖励和移动应用软件

现有的特点，比如无年费和现金返还

期望的结果

0

100%感兴趣

（3）“不是的，我们多年来提供的基本特点仍然是客户最感兴趣的。事实上，我们的分析表明，只有前三个特点才会影响潜在客户采用我们的产品。”

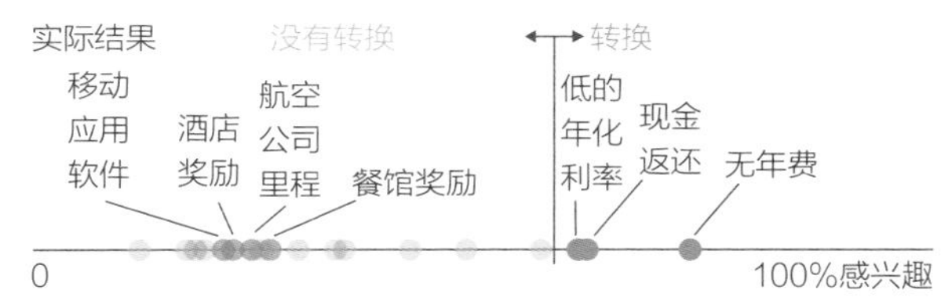

5. 这是一个很有趣的练习，你可以增加或删减参考点。我在脑海中构思了一个散点图，显示运动员变得越来越高大，越来越重，越来越慢。我为其创建了原型，如下所示。

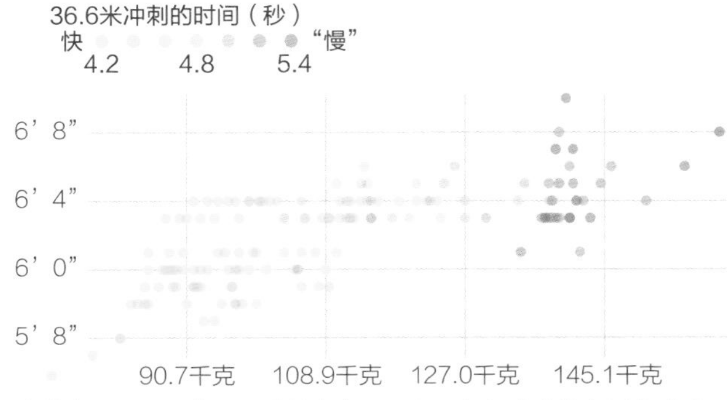

资料来源：2017年NFL对所有在NFL名册上新秀的综合调查结果，见pro-football-focus.com。

从这里我可以看到，这些家伙身材高大且速度快。我还可以看出体型与速度之间的一般关系。但是，为了让人们立即了解这些人十分魁梧和强壮，我需要添加一些参考点来进行比较，比如某个不是橄榄球运动员的人。我可以用下面这些参考点中的任何一个：其他运动员、历史人物、动物，甚至我自己。在这个例子中，我选择了增加两个参考点，见下图。

身材高大且速度快

美国橄榄球运动员和我们不一样。

36.6米冲刺的时间（秒）

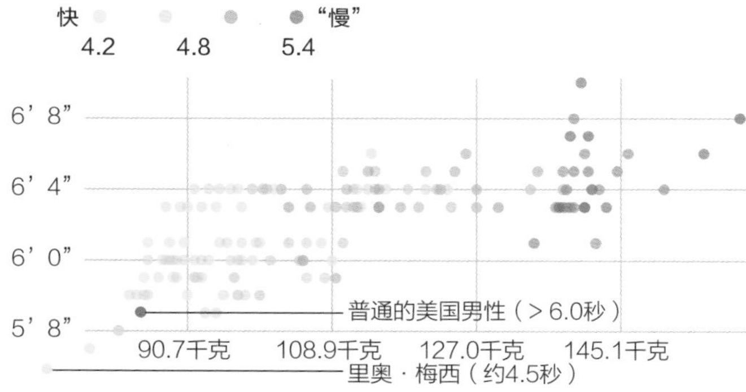

资料来源：2017年NFL对所有在NFL名册上新秀的综合调查结果，见pro-football-focus.com。

看到另一位世界级运动员也才勉强在图上显示出来，我们就需要采用一个令人信服的新视角来看待美国橄榄球运动员的体型了。我故意把梅西“排除在图表之外”，暗示我们正在展示的完全是另一个类别的体型。同时，把慢得让人绝望的美国普通男性放到接近底部的位置，也能达到同样的效果。但这还是有大量数据，我们关注的焦点仍然在运动员的点上。我们被吸引着花更多时间来研究这些点，而不是进行比较。一种使比较变得更直接的方法是删除参考点，并且使用在球场上踢不同位置的运动员的平均体型。

身材高大且速度快

如果你是一名普通的美国男性，你的身材比一般的防守后卫小，速度比一般的进攻锋线慢。

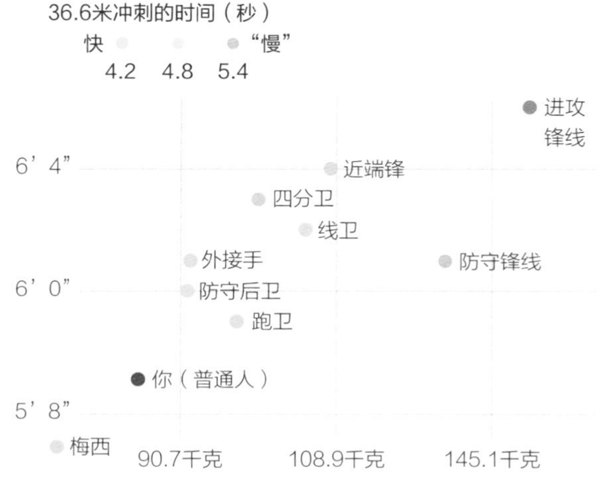

资料来源：2017年NFL对所有在NFL名册上新秀的综合调查结果，见pro-football-focus.com。

用“你”来表示普通人是很有趣的，如果看图者大多是普通的美国男性，那么，可以用“你”来代表普通人。这种观点也有一定的说服力，但是，用颜色来显示速度并不是理想的做法，因为这无法很好地传递体型与力量相结合的感觉。个子高大的人应该不会像大多数职业橄榄球运动员那样跑得快。一种更好地突出速度的方法是将身高从可视化图表中移除。身高很重要，但速度更重要。我们可以做出权衡，放弃身高，把速度放在空间轴上，而不是颜色轴上，见下图。

你能在跑动中击败进攻型的边锋吗

不能

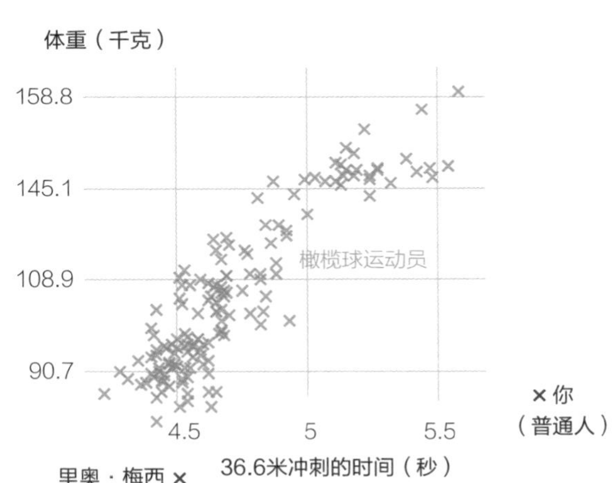

资料来源：2017年NFL对所有在NFL名册上新秀的综合调查结果，见pro-football-focus.com。

这很好玩。当这种做法合适时，可以调动看图者的兴趣，提高图表的说服力。但要了解看图者。如果他们不想开玩笑，那你要克制自己想跟他们开玩笑的冲动。我在这里用“×”，只是想看看，和点相比，看图者会怎样理解它们。有时候，我这样做是为了测试设计理念。我认为这样很好，因为除了整个集群之外，我不想让你看到任何红色的东西。我们不需要辨别位置或者单个数据点。我也可以把这些点留下。减去体重信息的决定是这里的重点；你通常有足够好的素材，能够以多种方式制作好图表。这方面常常不存在正确的答案，而是可以归结为简单的偏好。在这里，我要么可以为带有身高、体重和颜色三个变量的图提出充分理由，要么可以为删除身高信息的图提出充分理由。我可以用点，也可以用“×”。更广泛的观点是，我在令人信服地操纵参考点。

6. 使用数据集之外的信息，是使图表具有说服力的一个重要的却没有得到充分利用的策略。从将数据可视化，到将想法可视化，这种微妙的语义转变可以让你认识到，想法不仅仅可以通过数据来实现。以下是一些常见的、一贯有用的外部参考点。

- 历史先例　你的数据与过去类似的数据集相比，结果怎样？示例：这次选举的投票率与以往选举的投票率相比。
- 与竞争对手相比　如果和一些竞争对手的数据做比较，你的可视化图表会是什么样子的？示例：与类似算法相比，你的算法的准确性如何？
- 重新分组　如果对变量采用不同的方式分组，你的数据会是什么样子？示例：按地区归类的销售团队的业绩，重新分组为按销售的产品归类的销售团队的业绩。
- 统计模式　你的数据与我们在统计学上的预期相比如何？示例：学生成绩的实际分布与预期分布。

- *意想不到的参考点* 与看图者能够认同的完全不相关的东西或者创造性的东西相比，你的数据是什么样子的？示例：快递员送货的距离与他们到月球旅行的距离相比。

对于“吵闹的街角”这个练习，我想出了如下几个可能让数据变得生动起来的参考点。

- 添加另一个街角或其他几个街角的数据，显示这个街角相对于其他街角的声音有多大（竞争组）。
- 将平均噪声水平、峰值噪声水平和最低噪声水平与其他声音（如动物、喷气式发动机、流水或图书馆的声音）进行比较（令人意想不到的比较）。
- 根据城市平均噪声水平的分布来映射平均噪声，看看这里的噪声是典型的还是异常的（统计模式）。
- 对照噪声水平来绘制压力水平的图，以显示声音如何影响焦虑（令人意想不到的对比）。

7. 有的时候，最具说服力的图表最简单：它们明白无误地表达了一种观点，以至于看图者没有别的东西可以关注，或者不能采用其他方式来解释他们看到的东西。考虑到这里提供了非常具体的上下文，我们可以删除除了机会之外的几乎所有数据。其他数据可能对别的内容也很重要，比如，带宽怎样随着流量的增加和减少而变化？更多的流量是否意味着更多人购买？但那些不是上下文。我可以用极少的要素来想象需要什么，我甚至不用纵轴上的值，只把机会的界限放在横轴上，以防看图者对什么是重要的产生任何疑问。不需要言语，就能看出机会在哪里。（令人高兴的是，主标题中的“机会”一词恰好落在图表中“机会”的正上方。）

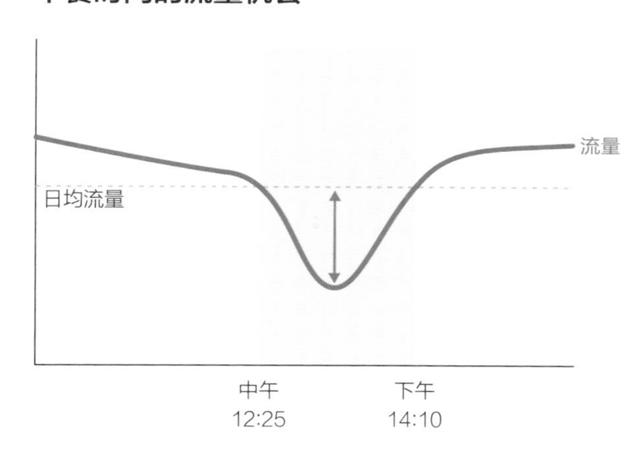

8. 答案：B　这位讲话者无疑富有激情，但请注意，他关注的是看图者的态度（他们是“白痴”，行事“荒谬”）以及那些并非来自数据的想法。他说的“没有成功的机会”，也许是对的，但这不能凭你的想象。这个人想要挑起一场战斗，而不是说服他人，所以，我们不难想象，高涨的情绪会使得图表被人们操纵。图表制作者也许忽略一些重要的变量或视觉上的东西，这些东西将使局面变得平和，从而避免残酷的事实。答案 C 给人的感觉是被动的、笼统的，但它似乎并没有带来太多麻烦，只会使图表制作者制作一个没有足够说服力的图表。答案 A 看起来很有希望。它关注的是数据（目标太高，而且可以绘制目标的历史先例），感觉积极和热情，没有愤怒的情绪。

9. 原图讲述了一个重要的故事：我们为双倍的带宽支付了双倍的费用，但并没有获得双倍的性能！一旦我们了解到最大值来自 0 ～ 50MB/ 秒的增长，而且在此之后值的增长显著减少，我们就可以对费用 – 速度的关系做出一些判断。在这个案例中，我想向看图者显示的是，他们可能认为用适中的价格购买超高的网速是一笔“划算交易”，但实际上远没有他们想象的那么划算。与此同时，举例来说，花更多的钱从 10 ～ 25MB/ 秒的流量中获得的价值，远比他们想象的要好得多。被坑骗得最严重的情况是以

网络速度的价格

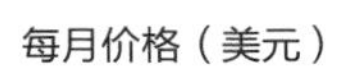

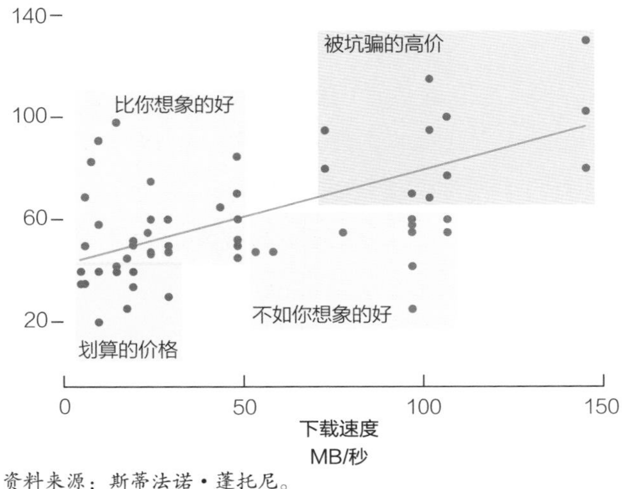

资料来源：斯蒂法诺·蓬托尼。

最高的费用购买极大的带宽。正如图表所示，人们为小幅度增加的收益而付出了高额的费用。创建区域（使用“冷”颜色表示价值，“热”颜色表示几乎没有价值）制造了比前面的图表提供的更直接的费用与价值的关联。当然，你必须能为这些价值判断辩护。

10. 时间序列图表很好地体现了讲故事的技巧。要将它们变成一个故事，你可以有选择地显示横轴，就像我在这里所做的那样。这里是以演示笔记为形式的故事，突出了叙述框架。

《复仇者联盟》第一周：强劲但典型

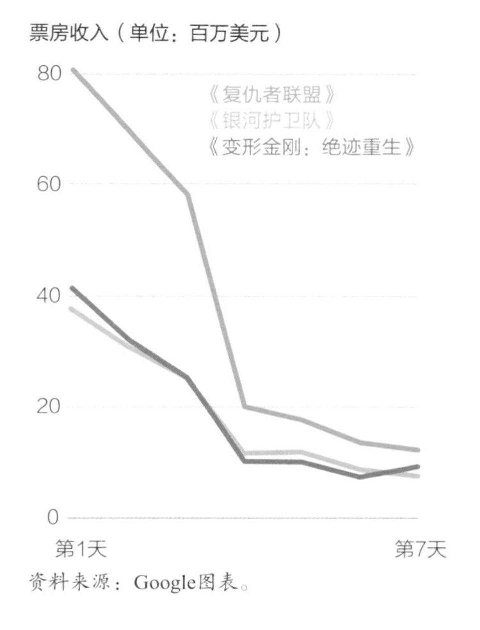

资料来源：Google图表。

开始的时候《复仇者联盟》首映大获成功，其他超级英雄电影的票房成绩相形见绌。但在接下来的一周，它的表现与同类电影类似，只是处在更高的水平之上：周末首映后票房大幅下滑，在那一周之中逐渐减少。

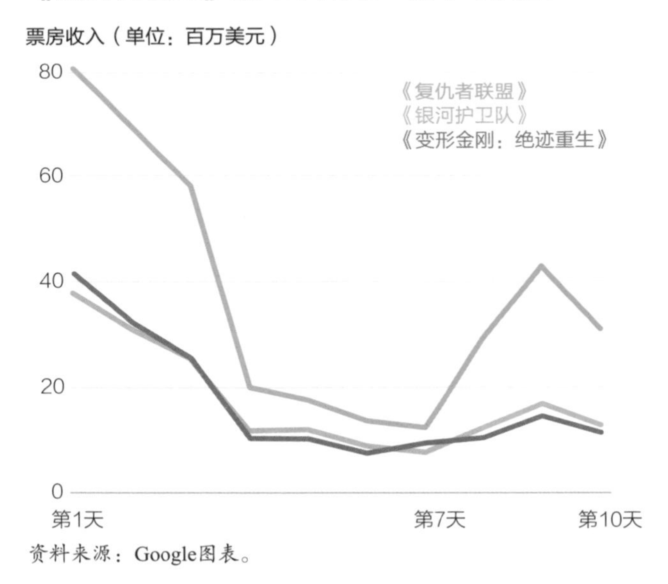

资料来源：Google图表。

冲突之处在于：通常情况下，第二个周末的票房收入会有小幅增长，但《复仇者联盟》出人意料地出现了大幅增长。该片上映第二个周末的票房收入与大多数超级英雄电影首映周末的票房收入相当。

《复仇者联盟》第二周：回归正常

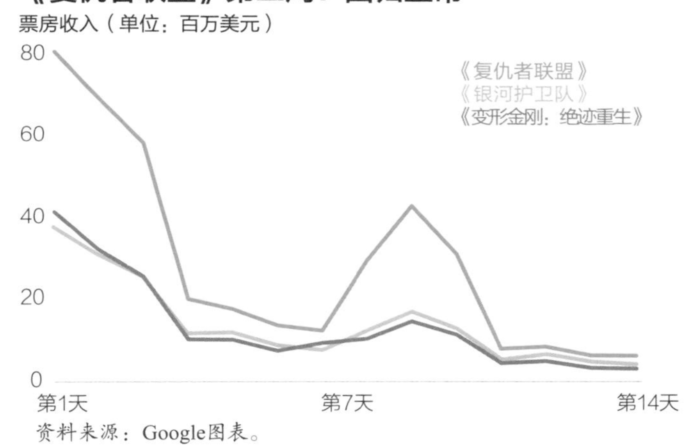

资料来源：Google图表。

结果是，在第二周，《复仇者联盟》终于步入正常模式，与其他超级英雄电影的表现一致。

依兰公司股票战胜波美公司股票

提出出色的股票投资建议

你对制作好图表了解得越多，就会越发注意到那些不公平地操纵现实的说服技巧的滥用（有些是故意的，大多数是无意的）。这幅展示过去11个月变化情况的简单股票价格图，就是这样一种情况。乍看之下不错，讲述了一个干净的故事，其核心观点反映在主标题上。图很清晰，设计也很好，甚至看起来很正式。不幸的是，这个图完全被操纵了。随着你掌握了数据可视化的知识，你一定希望自己能够辨别这样的图表是如何试图欺骗看图者的，并且辨别如何修改它，以便更负责任地反映真相。让我们来做吧。

1. 找出并解释这张图不公平地操纵图表使用者的三个方面，以更好地反映股价的现实情况。
2. 画出此图另一个版本的草图。
3. 画一个替代的图，支持依兰公司股票是更好的投资的观点。

讨论

这个图表有很强的吸引力。我们立马看到一个引人注目的故事，其清晰的、宣言式的主标题，已经非常简洁了。图中有一条粉红色的线和一条蓝色的线：依兰公司股票的价格突然超过了波美公司股票的价格。但仔细一看，你就会发现这种说法是错误的。你只需要几秒钟就能察觉其中的奥秘，也很难对主标题的叙述视而不见。引人关注的图表具有很高的真实性（facticity），研究人员常用这个术语来描述客观真实的感觉。我们的大脑喜欢在图表中寻找故事，它们想要相信眼睛看到的东西。而且，在不重新绘制图表的情况下，要理解真正发生了什么，需要付出一定的努力。

1.（1）两根纵轴使用了相同变量的不同取值范围。依兰公司股票的最高价格是 200 美元，但它和波美公司股票的 1 000 美元一样高。因此，当两家公司的股票价格“交叉”时，前者的价格实际上只是后者价格的 1/5。只要依兰公司股价的趋势线超过波美公司的，我们就会以为依兰公司的股价更高，但事实并非如此。

两根纵轴通常使图表难以使用。在同一空间中测量两种不同的东西，就像同时在一块棋盘上既下国际象棋又下西洋双陆棋一样。

（2）主标题　主标题中的“战胜”（ovetake）一词强化了上升的粉色趋势线。图表制作者让人们很容易就能看到线条，看到主标题，并且形成错误的叙述。一般来说，主标题有利于强化观点，但如果它们是在强化错误观点，那就是不公平的操纵。

（3）半对数刻度　这一点更微妙。你注意到两根纵轴不是等距离的吗？这个图表被称为“对数－线性”，因为纵轴是对数绘制的，而横轴是线性的。对数刻度表示指数之间的相等距离，因此低值之间的距离比高值之间的更大。对数刻度通常用于绘制大范围的值，或者，当异常值与大多数值之间的距离非常远，以至于大多数数据点都在一个角落里，被挤得非常近，导致你看不到任何模式时，也运用对数刻度。例如，如果你的大部分数据都在 10 ～ 100

的范围内，但是有5个值在10 000的范围内，那么，在线性刻度中你很难看出大多数值之间有什么区别。对数刻度向低端延伸，这样一来，你可以看到差异，但也可以绘制异常值或更高的值。

统计学家和科学家已经习惯了对数刻度，但我们很多人认为它们难以掌握。我就很难用好这种刻度。用于测量地震强度的对数里氏震级的发明者查尔斯·里克特（Charles Richter）曾说过："对数图是魔鬼的诡计。"你应当只在必要的时候而且知道看图者能够理解的时候才使用它们。

在这个图中，对数刻度是完全不必要的，甚至不合逻辑。值的范围并没有扩大到需要用指数处理的地步。甚至更加有害的是，由于对数刻度拉伸了低值并压缩了高值，所以这张图夸大了依兰公司股价的上涨，这些上涨主要发生在低端。

2. 这里最简单的修复方法是在所有股票价格（从0美元到700美元）的变动范围内确定一条单一的线性的纵轴，其值足够接近，保证是一个线性的范围。突然之间，我们亲眼所见的，就与标题中的"战胜"这个词不一致了。我改变了主标题，因为我仍然想说服人们，依兰公司股票是更好的投资。但尽管主标题如此，你还是可能认为，从这张图表中看出的依兰公司股票的表现并不令人印象深刻。尽管它在这段时间的表现确实优于波美公司股票，但从这张图表中很难获得这种感觉。这并不能让我信服依兰公司股票的优势。为了使这一点有说服力，我需要找到另一种方式来表现数据。

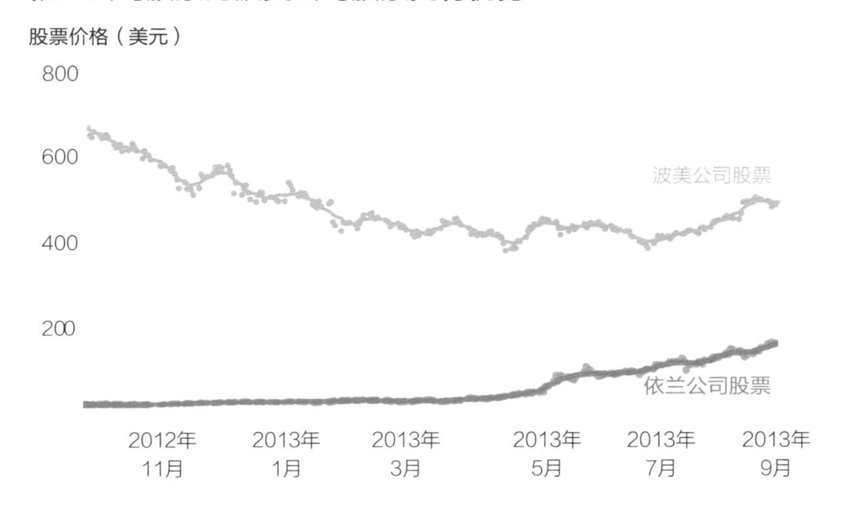

3. 投资哪只股票，更多地涉及股票价格的波动与变化，而不是初始价格。我们关心的不是它要投入多少钱，而是它与我们投入的相比亏了还是赚了多少钱。为了看出这一点，使我们投资时的价格从 0 点开始，然后画出这个值随时间变化的百分比。同样的初始数据将产生一个截然不同的观点，也就是一个关于依兰公司与波美公司股票投资价值的更有说服力的观点。

在某些情况下，你可能同时需要这两个图。如果观看这个可视化图表的人们不知道，尽管波美公司股票的表现平平，但它的一股股票的价值是依兰公司股票价值的 5 倍，那么，你应当明确地告诉他们。

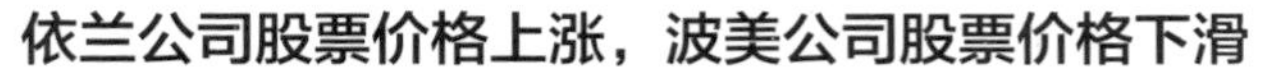

依兰公司股票价格上涨，波美公司股票价格下滑

说服患者睡觉

医护人员希望帮助患者做出明智的决定，这不是件容易的事。健康数据并不总是易于理解的，而且，在高度紧张的时刻（比如某次艰难的诊断后），患者甚至无法直接思考，更不用说对他们的治疗做出决定了。数据可视化图表可以提供帮助：更一般地讲，它可以是一个有说服力的元素，能将一组关于身体运转情况的密集数据转化为决策工具。以下是医生对一名患者进行睡眠呼吸暂停症状测试的报告。医生知道这个患者对诊断持怀疑态度；他必须说服患者，他的症状已经进入“中度”阶段，应当得到治疗。他甚至强调了一些最重要的数据，但患者并不信服。让我们来做吧。

1. 请列出关于该表格的三个可以改进的元素，使其对患者更有效。

2. 用这些数据画一版草图，作为可视化报告。不要着眼于获得正确的数据，而是着眼于为报告中的各个元素创造你可以使用的表现形式。

3. 鉴于表格右下角两个严重程度指标的基线数据，根据报告画一些草图，以说服患者解决他的睡眠呼吸暂停问题。

患者姓名：范・温克尔-瑞普	研究日期：2017年8月14日
性别：男	患者身份证号码：95030
出生日期：1972年9月6日	患者年龄：45岁
身高：180厘米	体重：100千克
交谈：P. 范德敦克博士	解释：W. 艾琳博士

研究时间	
熄灯	晚上11:38
开灯	早晨6:53
监测时间长度	435分钟

心率	每分钟心跳次数
睡眠时的平均心率	54
睡眠时的最高心率	95
睡眠时的最低心率	48

活动	#/小时	总数	平均持续时间（秒）	最长持续时间（秒）
中枢呼吸暂停	4.1	30	15.3	19.0
阻塞性呼吸暂停	6.8	49	19.4	41.0
呼吸浅慢	11.5	83	22.2	45.5
呼吸暂停+呼吸浅慢	22.4	162	20.7	45.5

血氧定量法分布	持续时间（分钟）	时间百分比（%）
<100%	30	7
<95%	290	67
<90%	32	7
<85%	25	6
<80%	28	6
<75%	20	5
<70%	10	2

氧气饱和度降低	
平均（%）	88
饱和度降低的总数	85
饱和度降低指数（每小时）	11.8
饱和度降低最大值（%）	28
饱和度降低最长持续时间（秒）	48
低血氧饱和度（%）	78
低血氧饱和度持续时间	5

打鼾	
打鼾总次数	59
打鼾总时长	15.7分钟
打鼾的平均时长	16.0秒
打鼾时间占总睡眠时长的百分比	3.6%

呼吸暂停+呼吸浅慢严重指数	
最轻	<5次/小时
轻度	5～15次/小时
中度	15～30次/小时
重度	>30次/小时

血氧饱和度下降严重指数	
正常	>95%
轻度	90～95%
中度	80～89%
重度	<80%

讨论

这样的报告很典型，而且不仅是在医疗保健领域。这是典型的关键性能指标数据堆积。我们需要的一切都在这里，但这并不意味着我们知道如何阅读和解释它们。我们几乎不可能凭借这些来说服患者。这些高亮显示的内容只是让我将注意力集中在报告的部分内容上，但我不太可能确信存在某个问题，更不用说采取行动了。我们要做的还有很多。

1.（1）专业术语翻译　医生可以使用这些表格，患者不能。这里的背景是，医生想说服患者注意自己的健康。像血氧饱和度分布和饱和指数降低这样的术语将会破坏这一点，因为患者一开始就难以了解所有这些都意味着什么，那样的话，他们也就不想知道这些类别的测量结果了。“血液中的氧气总量”和“血氧水平下降的次数”对看图者来说更加清晰。

（2）精确性　呼吸浅慢的平均持续时间是22.2秒还是22.5秒，对患者来说并不重要（无论对医生来说有多重要），而且，在取整数的时候使用小数点，会使阅读变得更加困难。

（3）缺乏基准　即使患者直接看向高亮显示的数据，看到了医生想让他看到的东西，他几乎肯定会问，这正常吗？这份报告没有提供任何关于值的判断，只是介绍了数字，而关于值的判断才最重要。这些数字好吗？可以接受吗？不足吗？可怕吗？患者需要参考点来显示这些信息如何与医生的期望或要求相比较。

你可能想知道为什么我要批评表格而不是直接进入图表制作，

这其中有两个原因。第一，批评数据的表现方式，会让你做出更好的图表，因为你会明白遗漏了什么，什么是难以理解的。第二，在许多情况下，你希望先让看图者看到某个可视化图表，再给他们提供一个类似这样的表格，以便他们进行更深入的探索。因此，这有助于确保你也可以制作优秀的表格。

2. 实际上，这个练习是为睡眠的质量创建一个小型仪表板。我的努力只是一个开始，还有很大的改进空间。我在这里停下来，以展示正在进行的工作，也就是我如何系统地尝试各种各样的表格，以寻找简单的方法来实现可视化。我应当注意到，这些草图代表了想法的第二次或第三次迭代（尽管是快速的）。让我们从左到右、从上至下讨论它们。

（1）*患者的基本资料：表格*　我认为没有必要将这些信息可视化，核心的数据放在表格中也很好。

（2）*研究时间：圆弧图*　我使用 24 小时时钟的概念来显示研究持续了多长时间（阴影区域），以及研究发生的时间跨度（横轴）。我尚未决定如何分配时间，但我把午夜放在正上方，因为在我的脑海中，那就是午夜所在的位置。另一方面，下午 6 点出现在我们本该看到晚上 9 点的地方，而早上 6 点出现在我们本该看到凌晨 3 点的地方。所以，我这里也试着用一个完整的圆。如果涉及白天的睡眠问题，在这里添加日出和日落标记也很容易。我想做得更多。这种可视化图表可能很小，它传达简单的、基本的信息。

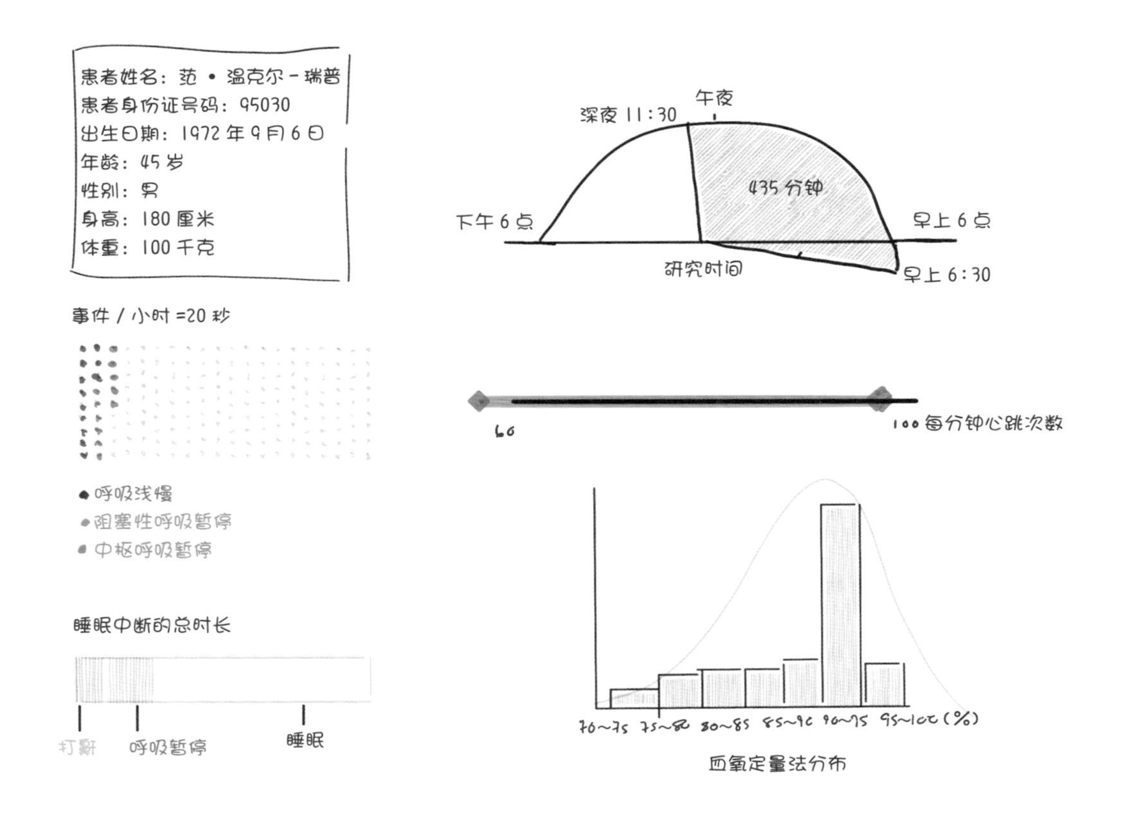

（3）事件 / 小时：单位图　睡眠呼吸暂停事件是指一个人停止呼吸或呼吸困难的一段较短的时间。大多数情况下，患者一晚上有几十到几百个这样的标记，这是一个可控的数字，可以将每次事件显示为它自己的可视化标记——在这个案例中，这种可视化标记是一个点。在图表上标记单个单位，总是有助于看图者将这些事件不只是看作抽象的统计数据集合，比如一个条形。呼吸暂停是一个事件，这里的每个点代表一个事件。我可以用颜色对时间单位进行分类，以表示发生的事件的类型。增加“良好睡眠”时间的单位，有助于为患者描绘一个宏观的场景：这是你呼吸的时候，这是你没有呼吸的时候。组织良好的单位图可以同时显示单个单位和更全面的叠加条形图，比如这个单位图。单位本身也是可以重新使用的。如果你知道每个事件发生的时间，你可以把这些彩色点再次用于直方图，以显示患者何时停止呼吸。

（4）心率：棒棒糖图　之所以这样命名，是因为点与线的组合看起来像糖果，这些图表是显示两点之间距离的一种很好的简单方法。这个图显示了整个晚上的心率范围，还增加了从 60 到 100 次（即人类心跳的典型范围）的范围，提供了一个参考。我在这里唯一犹豫的是，患者睡眠时的平均心率为 54 次，意味着在很大程度上低于标准值，并且只有几次上升到更高的水平。这种可视化图表可能由于显示范围的缘故而没有显示任何频率分布，过于强调那些短时间的快速心率。直方图可以更直观地显示这一点。我在这里做出了一次取舍。

（5）睡眠中断的总时长：叠加条形图　我感觉这个数据集在不同的地方包含了相似的信息。打鼾和呼吸暂停是分开的，但两者都会中断睡眠。把这两种事件累加在一起，我们就可以比较清醒的时间和睡眠的时间。在那个条形图中，醒着的时间有点惊人：435 分钟中有接近 30 分钟。需要注意的是：目前还不清楚打鼾和呼吸暂停是否重叠，所以，在以这种方式呈现之前，我必须确认它们是独立的事件。

（6）**血氧定量法分布：直方图** “分布”这个词让我想到了最常见的图表类型——直方图。血氧测定法测量血液中的氧含量，越多越好，所以这个图表应当是向右偏移的。直方图看起来像条形图，不过，传统的直方图的条形连在一起。没有使用经验的人可能会将其误认为条形图，无法马上明白如何看图。有时，提供原型分布（平均值、好值、坏值）进行比较，或者用文字解释你希望这种图表看起来是什么样子（就像我刚才做的那样），都是有帮助的。

如果这就是我想给患者看的东西，我的下一步考虑是给这些信息分出一些层次。我不会让所有的视觉元素都保持相同的大小，与此同时，我还会调整呈现内容的顺序。我想要创造一个主导的和一些支持的可视化图表，希望确保各种观点合乎逻辑地逐渐递进。

如果你还想再进一步，一个很好的练习就是把你的草图提升到下一个层次：想象你将把这张纸递给某个患者。你将如何设计它？

3. 现在我正积极地劝说患者改变他的行为。“仪表盘练习”创建了一个更吸引人的进入大量数据的入口，这可能会帮助患者明白满满一页的数字到底是什么意思，但是，它除了冷静地呈现调查结果之外，没有太多的用处。改变行为是困难的，需要更加积极的策略。在这里，我的说服主要集中在两个方面。首先，只要有可能，我就直接告诉患者：这不仅仅是数据，这还是你本人的数据。在这些时候，你的呼吸停止了。这样一来，糟糕的结果变成了患者自己的。其次，我添加了一些定性的范围与标签。即使是能让人们快速理解意义的好图表，也可能缺乏有益的参数。你会听到患者这样的反应："这好吗？这是正常的吗？我的情况应该在图中的什么位置呢？"通过强调好的和坏的结果（前者使用绿色，后者使用红色），我不仅帮助患者看到他的结果是什么，而且帮助他理解那些结果的意思。

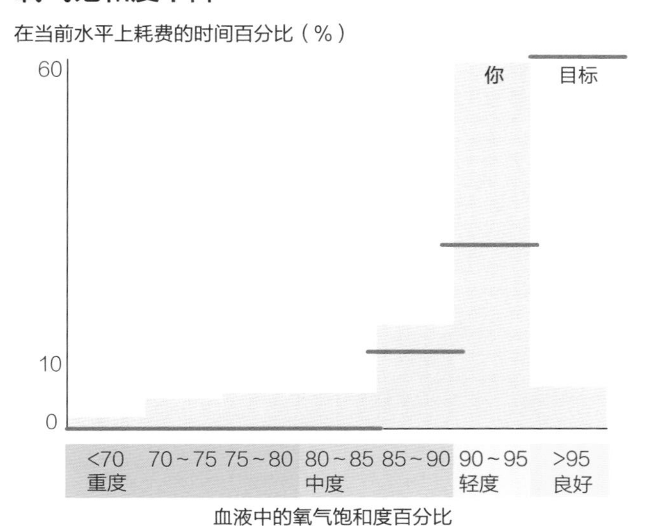

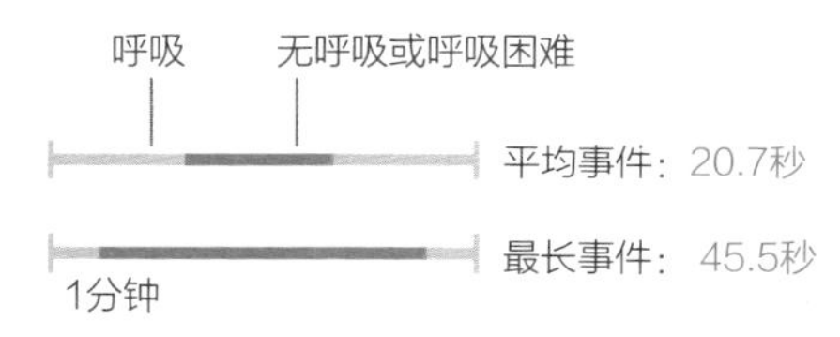

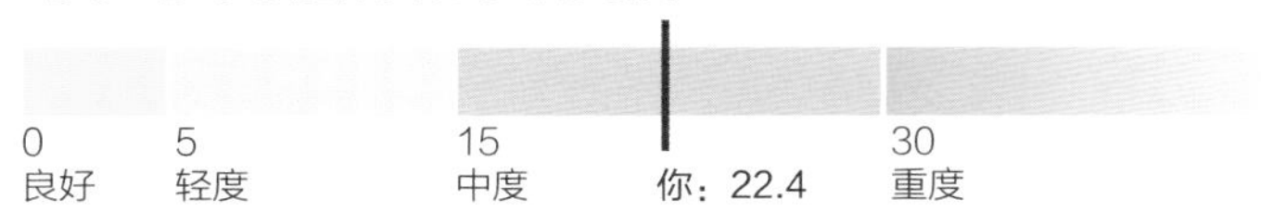

让我们逐一讨论这些问题，并附加一些评论。

（1）氧气饱和度下降：直方图　即使不习惯阅读直方图的患者也可以使用这个图表。你能够轻松地看出患者的结果高于还是低于他们应该达到的水平。为了帮助传递频率分布的概念，我将轴标签做得更冗长一些，而且描述得更清楚。我尝试将直方图中的条形设置为与它们的定性级别相同的颜色（绿色、浅绿色、橙色、粉色），或者将每个区间的颜色沿纵轴向上移动，但是，所有这些都让人感到内容太多太复杂，而且令人困惑，所以我选择只对标签着色，以示区分。

（2）每小时呼吸暂停和呼吸浅慢：叠加条形图和结果线　在这里，我只给出结果中的一个数据点，但我们可以看到将这个结果放在好结果或坏结果的背景中所产生的说服力。重要的是考虑参考点，而不是假设最好的可视化图表包含了最多的数据。我可以想象，在进行多次测试的情况下，每次测试的结果都可以绘制出来，以显示结果的大致方向。

（3）无呼吸持续时间：时间轴　这是应当帮助患者解决其自身问题的另一个简单视角。我只绘制了两个数据点，即平均值和最大值。但观察无呼吸时间所占的比例，要比观察呼吸暂停时间长短的简单报告令人印象深刻得多。我能想象一分钟的时间；一想到在这段时间里几乎没有呼吸，真的让人非常恐惧。

（4）你的普通 1 小时：时间轴　在这个案例中，我使用数据创造了一些不真实的但代表普通 1 小时的东西。如果我有 1 小时或者一整晚的真实数据，我会画出来；这条时间轴代表每个小时发生的事件数量和事件的平均时长。这是 1 分钟时间轴的一个变体，它只显示单一的事件——在这种情况下，我们希望了解某个事件是什么样子。在这里，我想让大家了解在更长时间内发生的事件对患者睡眠的影响。大家很容易看出，这个人的中度睡眠呼吸暂停已经变得多么具有破坏性。

向人力资源部门陈述理由

你以前曾经坐在那里，听别人对你做这种演示，对吧？本来包含大量数据的重要主题，结果变成了大家眯着眼睛看那些要点，或者忽略演示而阅读摆在你面前的纸质版本，并在上面做笔记，准备自己的问题。结果，对那些问题，演示者可能已经做出了回答，但你不知道，因为你没听。

演示软件往往促成这种灾难。默认的选项提示你输入主标题和要点。然而更糟的是，这种软件使自动从电子表格或文本文档导入“点击即可视”的输出变得容易，从而阻碍了你制作优秀的可视化图表。

出色的演示应该是天生视觉化的。把看图者所看到的和你所说的正确结合起来，将会是最好的体验。你在说话的时候，不应该有人在看，而是人人都在听。

在这个案例中，演示者想要说服人力资源部门完善新生儿父母的产假和陪产假政策。这次演示充满了好的数据和具有说服力的观点。优秀的图表将改变你的体验，让观点更具说服力。让我们来做吧。

为保持简单性，我在这里只介绍一个练习：将这份演示修改成一份有说服力的演示。

1

我们公司对比其他公司的带薪产假

- 在一个由大约50家公司（包括我们所在行业和几个相邻行业）组成的数据集之中，平均产假为**16周带薪假**，从入职第一年的某个时候开始享受。
- 在同一个数据集之中，陪产假政策平均为**6～7周带薪假。**
- 休假中位数分别为15周和6周，众数是16周和6周。
- 在对比我们所在行业的21家公司时，我们的假期最短，产假是全薪休假1周加上部分带薪休假8周，陪产假是1周。最好的公司提供20周的产假和12周的陪产假。

2

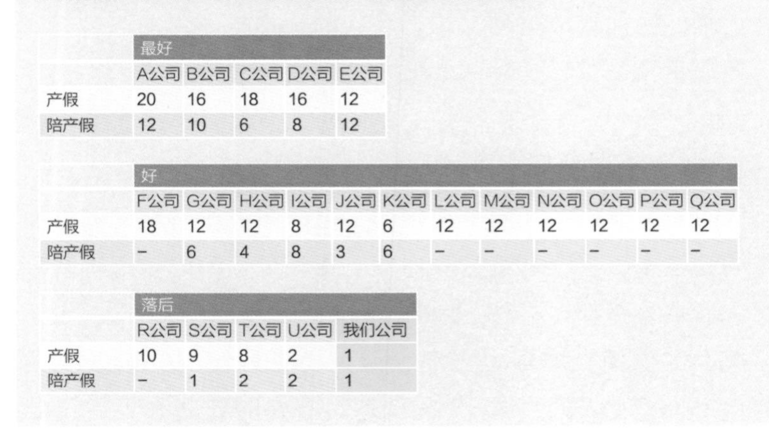

我们公司对比行业竞争对手的带薪产假

	最好				
	A公司	B公司	C公司	D公司	E公司
产假	20	16	18	16	12
陪产假	12	10	6	8	12

	好											
	F公司	G公司	H公司	I公司	J公司	K公司	L公司	M公司	N公司	O公司	P公司	Q公司
产假	18	12	12	8	12	6	12	12	12	12	12	12
陪产假	–	6	4	8	3	6	–	–	–	–	–	–

	落后				
	R公司	S公司	T公司	U公司	我们公司
产假	10	9	8	2	1
陪产假	–	1	2	2	1

3　带薪产假对于招聘年轻的顶尖人才越来越重要

- 85%的美国千禧一代表示，如果提供带薪产假，他们离开公司的可能性较小。（安永的调查）
- 80%的千禧一代表示，他们留在工作岗位上的首要原因是有竞争力的薪酬与福利。（安永的调查）
- 带薪休假不仅仅是这一代女性员工的问题：78%的千禧一代是双职工家庭的一员，而且，千禧一代越来越希望夫妻双方都能兼顾工作与家庭。（《哈佛商业评论》文章）
- 10年内，千禧一代将占美国劳动力的75%。（《哈佛商业评论》文章）
- 在一项对200名人力资源经理的调查中，2/3的人将支持家庭的政策（包括弹性工作时间）列为吸引和留住员工的最重要因素。（白宫的报告）
- 在2014年对美国已为人父的受过高等教育的专业人员进行的一项研究中，在美国，10人中有9人表示，老板提供带薪产假，在找新工作时非常重要，10人中有6人认为这非常重要或极其重要。对于千禧一代的员工来说，这些数字甚至更高。（劳工部报告）

4　带薪产假对员工士气和企业文化非常重要

- 在一项对253家加州公司的研究中，在任何一年之中，只有2%～3%的员工休假（原因多种多样，不只是休产假）。
- 80%的受访企业发现，此类政策至少在成本上是中性的，约50%的企业报出了积极的投资回报率。（白宫的报告）
- 竞争性的休假政策不会损害生产力或盈利能力：

“无明显效果”或“积极效果”	员工不足50人企业	员工人数为50~99人企业	员工人数为100人以上企业	所有受访的雇主
生产力	88.8%	86.6%	71.2%	88.5%
盈利能力和业绩	91.1%	91.2%	77.6%	91.0%
人才外流	92.2%	98.6%	96.6%	92.8%
士气	98.9%	95.6%	91.5%	98.6%

N=175

讨论

这位演示者做好了他的准备工作。这里的信息多到让人应接不暇，足以说服我相信，产假政策需要修改。但研究表明，积累证据并不一定能增强说服力。少数一些令人信服的证据可能更有效。

让我们逐张分析幻灯片。

第1张幻灯片：平均值比较　将这种直接的数据转换成文本形式，会削弱它的功能。观众对数据（尤其是与他们的绩效相关的数据）最常见的问题之一是："我们正常吗？"或者"我们比较下来如何？"所以我确实将这家公司的假期数据，与平均值相比较了，并且给这家公司的数据着了色，而平均值，由于它们不是真实的实体，所以是灰色。产假的缺口，在这里比在原来的地方表现得更加明显。注意，我没有包括关于其他公司的最后一个要点。我认为，在同一个空间中引入一种全新的比较，会导致空间的内容太多了。这张幻灯片是关于"我们公司"相对于平均值的，所以我只把它放在这里。

我在演示文稿中最常看到的数据可视化错误之一是，演示者试图将尽可能多的想法塞入一个图表（或一张幻灯片上的多个图表）之中，以减少幻灯片的数量。我宁愿用两张幻灯片，每张幻灯片介绍一个观点或是呈现一个图表，也不愿把许多观点塞进一张幻灯片里。最后的要点反映了下一张幻灯片中的数据，所以我把它留在了后面。

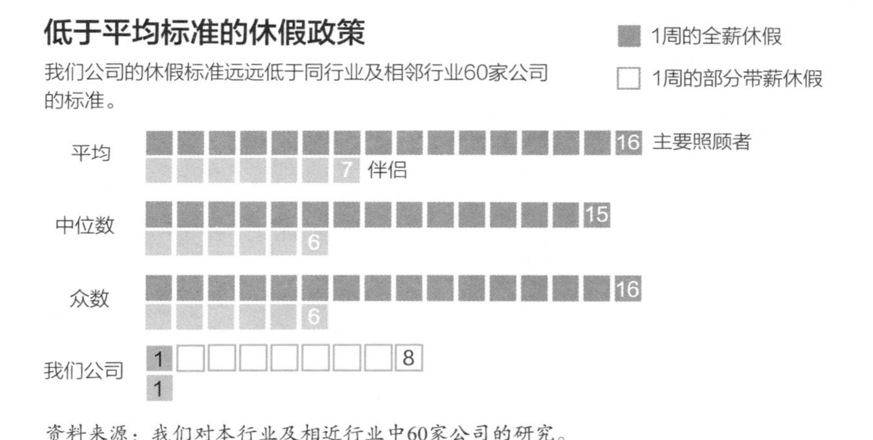

第 2 张幻灯片：竞争组比较　我不介意原表的组织方式，但是，和比较长度相比，阅读数字更加费力。所以我回到了上一张幻灯片的混合的条形 – 单位图。单位（那些代表星期的块）帮助我们想象分子的大小；一个可靠的条形图可以将所有这些星期转变成一个单独的统计数据，但是单位有助于我们将每个星期看作是价值的一部分。我保留了配色方案，这样的话，在制作演示的过程中，观众就不用想着颜色这个变量了；他们会知道橙色和绿色是什么意思。一般来讲，我喜欢在制图时尽可能减少对齐点，所以在这里对它们进行了限制，但是你将看到三个定性标签（即“领先”“良好”“落后”）在向右侧浮动。我确定，它们相对位置的信号（也就是字面上的领先是在前面，远远落后是在后面）比保持对齐对它们来讲更有价值。

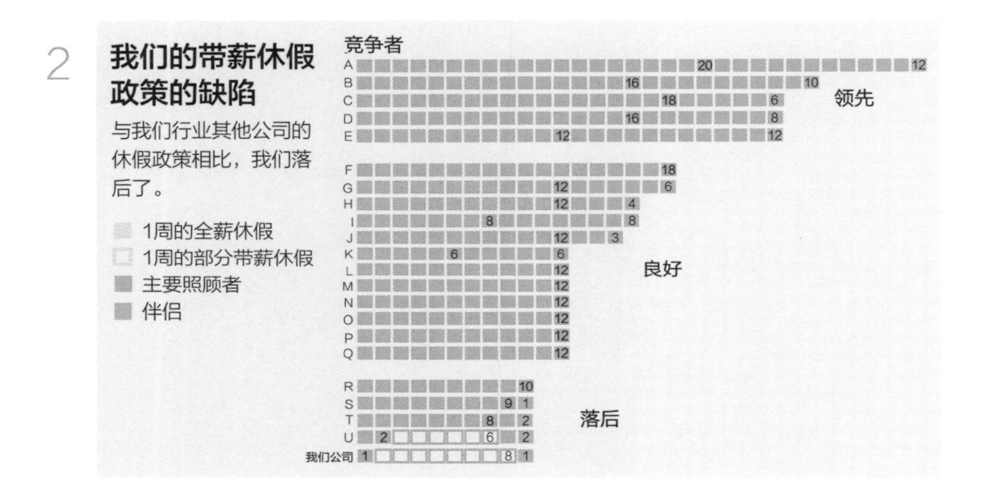

我认为对这张图我还需要做一些工作。放在大屏幕上，它是有效的。但我担心大小的问题，而且，如果这是放在纸上或者个人屏幕上，我得尝试着阅读某些标签。然而，即使没有这些标签，这张图也透露了一个清晰的观点：休假政策有三种，而“我们公司”没有好的休假政策。

你可以在没有“我们公司”数据的情况下展示这张图，并邀请观众在回答问题之前猜测我们公司属于哪一类，从而制造悬念。这是一种让观众参与的强大方式。

第 3 张幻灯片：年轻人才　我为这张幻灯片勾画了许多方法的草图，但对其中任何一种都不满意，所以决定尝试一个简单的带有成比例条形的列表。我曾与一位朋友谈论过此事，我当时说，重点是要表明自己不含糊其词。每个条形都表明，绝大多数年轻的人才认为，更好的休假政策是个好主意。将前面讲述的内容综合起来，这些条形就是一连串的证据。

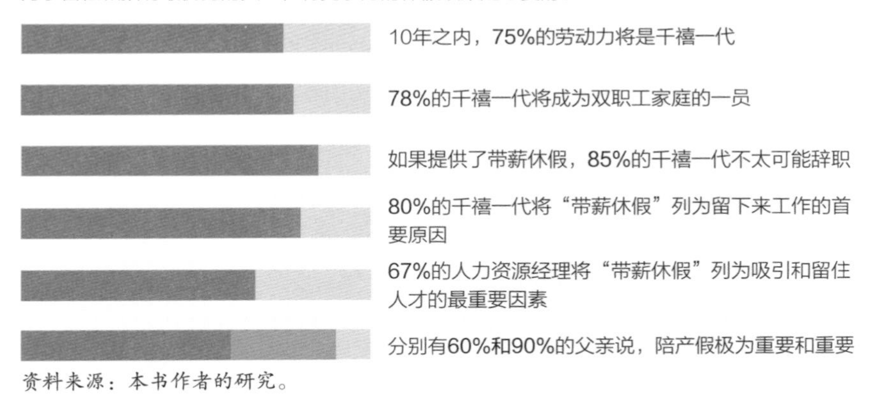
3
吸引和留住年轻人才的先决条件
为了留住和招聘最优秀的员工，有竞争力的休假政策是必要的。
10年之内，75%的劳动力将是千禧一代
78%的千禧一代将成为双职工家庭的一员
如果提供了带薪休假，85%的千禧一代不太可能辞职
80%的千禧一代将“带薪休假”列为留下来工作的首要原因
67%的人力资源经理将“带薪休假”列为吸引和留住人才的最重要因素
分别有60%和90%的父亲说，陪产假极为重要和重要
资料来源：本书作者的研究。

不过，这需要大量的阅读。它的格式最接近传统的幻灯片。条形仅仅是图表的提示，提醒人们，这些指向右边的数据（78% 和 85%）占整体的很大一部分。

如果我演示这个，就不会花时间去阅读每个“要点”。相反，我会说一些类似于这样的话：“在所有指标上，我们争抢的年轻人才都期望公司制定了有竞争力的休假政策。”（记住，我已经表明这家公司并没有提供有竞争力的休假政策。）接下来，我可能会选择从列表中阐述一两个数据点。

尽管如此，我还是可以想象，其他人会对这些数据提出不同的

处理方法。我期待着见到它们中的一些。

第 4 张幻灯片：生产力与成本　因为我已经确立了一个“连篇累牍”的方法，所以坚持了下来。不断转换形式，迫使观众在分析之前不停地在脑海中重新设置，以了解他们所看到的内容。如果他们看到相同的形式，会立刻知道该做什么和如何阅读。在该主题的这个变体中，我从一个显示了很低百分比的条形图开始——这是一种吸引人们注意的好方法。当人们第一次看到时，他们的大脑会问这样一个问题：“这是相似的，但有所不同——怎么不同？”

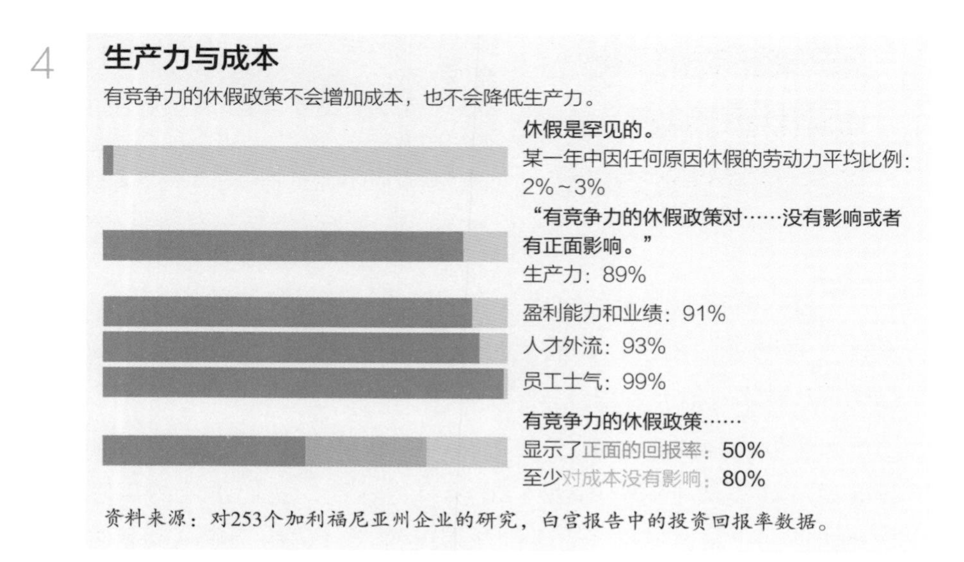

总的来说，我是通过显示与预期担忧相反的数据来提出理由的，预期的担忧是：带薪休假将耗费企业的资金；我们会损失生产力；即使休假对员工有好处，也会影响他们的绩效。

由于预料到与上述担忧相反的情景，我提供了与预期相悖的证据。“实际上，提供休假政策不但不会多耗费资金，而且展示了积极的投资回报率，至少在生产力和盈利能力方面是中性的。”同样，在演示中，通过提出问题然后显示缓解问题的数据，每次展开讨论这些问题中的一个，可能会非常有效。

以下是关于整个演示集的一些要点。

1. 它的叙事逻辑是清晰的，而且当每张幻灯片的要点更为明确时，整个演示也随之更清晰。它的叙事逻辑类似于这样：

（1）我们公司的休假低于平均水平。

（2）低多少？我们在竞争中落后。

（3）这不是好现象，因为有竞争力的休假是一个至关重要的人才招聘工具。

（4）我知道你对采用更具竞争力的休假政策有些顾虑，因此，让我们来谈一谈这些政策中的某些吧。

2. 请注意，每个图的主标题和副标题对整个幻灯片的作用是相同的。当你在演示软件中创建空白幻灯片时，它通常会提示你确定标题（然后才是要点），所以，你可以不假思索地创建。然后，你在一个有着自己标题的图中粘贴，就造成了混乱和冗余，这是没有必要的。图表很重要！

3. 也许很难相信，但是，原始幻灯片上的信息基本上都用到了，它只是一个宝贵的提醒，让你记得，你可以清楚地呈现大量的信息，使之更有说服力，因为观众可以更容易去思考这个想法。

第 5 章

抓住概念图的核心要义

Chapter 5

“即使是最可疑的商业计划，如果被塑造成一个良性循环，也会看起来很可靠，甚至很聪明。”

——加德纳·莫尔斯（Gardiner Morse）

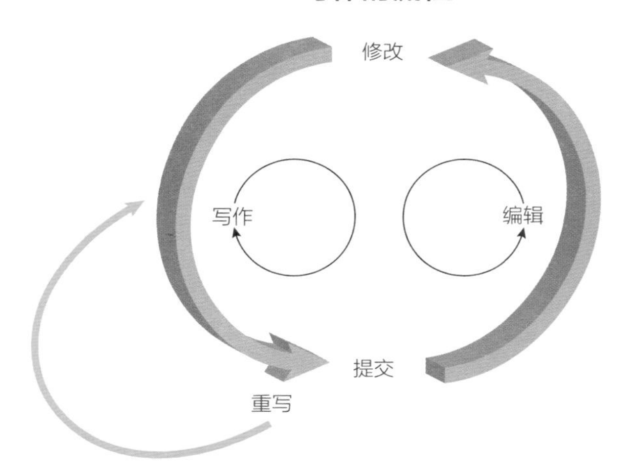

COURTESY OF HBO

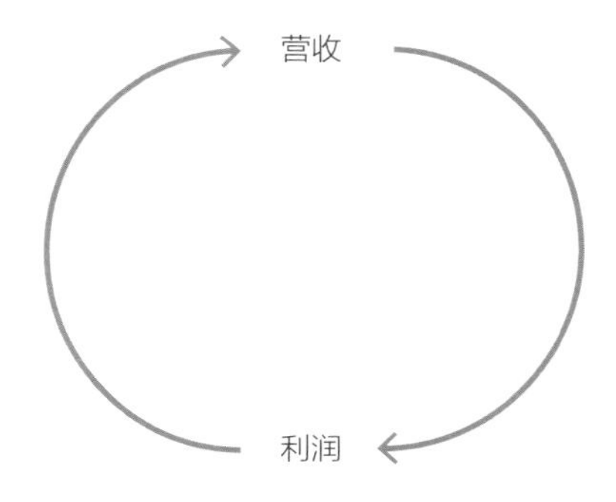

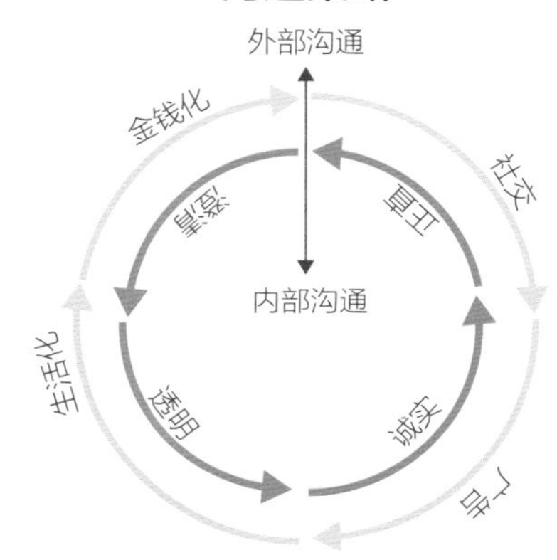

在《哈佛商业评论》中，我们把那些显示周期和其他整洁但毫无意义的过程的流程图称为“废话圈”，这是高级编辑加德纳·莫尔斯创造的一个术语。顾问们经常兜售那些看起来十分可爱而令人满意的永恒的废话圈，但它们往往缺乏实用性。它们可能是简单的，也可能是复杂的，甚至是嵌套的！

你们以前见过这些，对吧？讽刺它们很容易，就像家庭影院在电视剧《硅谷》(*Silicon Valley*）中巧妙地运用了成功的三角关系一样，但重要的是要理解它们为什么会存在并且持续下去。废话圈代表了可视化图表中比较难解的挑战之一：非数据可视化，即不受统计数据约束的概念图，这意味着它们根本不受约束。没有轴线或数据点，你可以自由漫游。找到一个你喜欢的隐喻，如一个圆圈、一个靶子、一个螺旋、一个漏斗、一条下沉的船等，你就能把这个隐喻打造成视觉上的效果。你可以添加你认为有助于解释这个概念的任何东西。从事过手工写作、橱柜制作和烹饪的人都知道，要把事情做正确，并不容易；但我们怀着把事情做正确的想法而在做事情的过程中添加新的东西，就容易得多。我们是天生的创造者，不是编辑。

但是，如果你能学会自己编辑，那么概念图是个强大的工具。它们在最好发挥作用的时候能使人们清晰地明确图中内容，令人难忘地表现了抽象的概念。例如，我可以试着解释不列颠群岛、大不列颠、联合王国、爱尔兰以及所有其他与联合王国有政治联系的地方之间的关系，但并不容易，要费一番口舌。但同时，我也可以用下一页中的图表来展示给你看。

不列颠和爱尔兰

了解英国和爱尔兰共和国的政治和地理边界

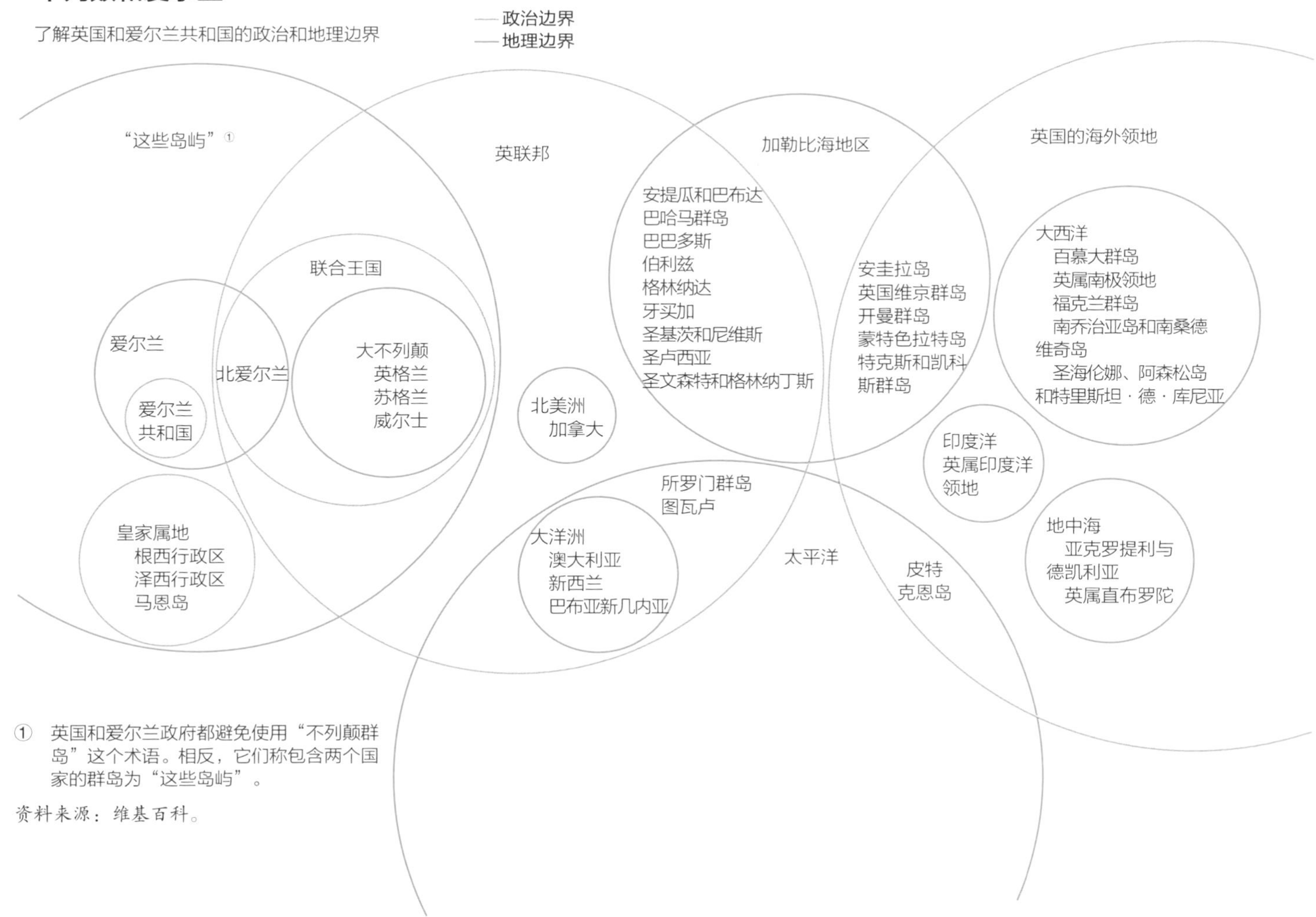

① 英国和爱尔兰政府都避免使用“不列颠群岛”这个术语。相反，它们称包含两个国家的群岛为“这些岛屿”。

资料来源：维基百科。

你需要时间来理解它，它不适用于做演示。但在画出了概念图的情况下，只需用一双眼睛，花点时间去观察图中各个部分的联系，就比我费尽口舌来解释各种政治和地理关系的文字内容更清晰、更有效。

在尝试制作概念图时，请遵循以下指导原则。

1. 避免隐喻混淆不清　用来显示营销漏斗的图表不应使用循环图。如果你的概念可视化图表的标题是“通往成功的阶梯”，它应该显示阶梯，不应该显示楼梯。将某个概念称呼为这件事，却将它显示为那件事，是一个令人惊讶的常见错误。这在写作中也很常见，所以，在直接描述某个想法之前，先描述围绕这个想法的其他概念，可能只是创造性的过程的一部分。我曾经看到过一个名为“敲击所有正确音符”的概念可视化图表，它显示了一系列由鼓点表示的事件——这些鼓点并没有真正敲击在音符上。这位数据可视化图表的制作者考虑的是音乐和敲击，并且正在朝着这个目标迈进。一旦你决定采用某种可视化方法，关键是要确保隐喻起作用。

2. 克制自己的冲动　我们天生就有一种想去装饰概念图的冲动，这和在创造性写作中使用大量形容词的冲动一样。你可能以为自己做得很巧妙，但实际上，你做得很费力。不需要为了让图表五颜六色而配色，不需要给原本不必用三维展示的物体配上三维图，也不需要使用不必要的剪贴画。任何不会积极支持你想表达的概念的东西，都会分散人们的注意力。要致力于使概念变得清晰，然后就此打住。

3 无须一一对应 仅仅因为你的营销计划包含一个漏斗，并不意味着你需要展示一个实际的漏斗。如果你的想法涉及一个山谷，你也不需要展示一条流经这个山谷的河流或者河两岸的树木。如果这样的话，是不是很可笑？也许是的。但是，人们经常明确地说明一个比喻，只是为了确保看图者理解它。最近，一位同事给我发了一张概念图，图中显示了一个漏斗，一些代表顾客的简笔画人物从漏斗里掉了出来。要避免这样。使用形状和空间来表达你的想法。一个上下颠倒的三角形，就足以代表漏斗或山谷了。将平行线垂直堆放，也足以表现阶梯了。

4 尽量遵守惯例 与统计图表一样，启发法也很重要。一般来讲，时间的推移仍然从左到右来表示，红色意味着热或危险，绿色代表好或安全，层级则从上到下一路降低。我们的大脑对这些理念十分熟悉，熟悉到一旦我们改变它们，就会造成破坏。然而，如果没有数据来防止你扭曲事实，你可能很想去改变。尽量使用对你有利的惯例，不要反其道而行之。

这里是另一个可以用于概念图的惯例：统计图表形式。即使你没有数据，轴线、线条和成比例的条形也可能是有效的，因为看图者会知道，在轴线上的位置更高，意味着值也更大；或者，显示某个大类别和另一个小类别的成比例的条形，意味着“大部分的这个以及并不是太多的那个”，哪怕这两者之间并非统计的关系。但是，如果你使用这些，一定要在图表中添加一句免责声明：“概念性的，而不是统计性的。”

5 自己编辑图表 编辑是另一种形式的约束，是图表制作中最重要和最被低估的技能之一，特别是在制作概念图表时，更要对图表进行编辑。决定减少你传达的信息量，是很难的事情。我们总想着向别人灌输尽可能多的知识；而限制你提出的想法的数量，违背了这种自然倾向。然而，与写作一样，编辑图表既是必要的，也是有益的。对于你没有在图表中展示给看图者的东西，他们也就谈不上漏看了。更重要的是让他们参与进来，帮助他们理解，当你清晰而有效地表达一些想法时，通常更容易做到编辑。

6 专业提示：节制使用箭头 我注意到，无论出于什么原因，制图者往往在概念图中过度使用箭头，并且在正常使用时用得过了头。有的箭头很长，或者拐几个弯，或者像丝带一样缠绕；有的箭头“身子”很短，“头”却很肥大；有的箭头“身子”又细又长，但“头”却很小；有的箭头颜色是渐变的；甚至有些箭头中间有多个指示符，看起来像是某种神话中的动物的图。我不知道制图者为什么这样做。也许是因为箭头有时候是图表上最引人注目的东西，如果不使用箭头，图表上会布满文字。如果你让箭头尽可能短，尽量少弯曲，尽可能少调转方向，并且保持它们的比例，你的概念可视化图表将会更清晰、更漂亮。

热身练习

1. 找出使这个图表难以使用的三个因素，并勾画出一种显示生物分类系统的替代方法。

2. 你想要表明，体育爱好者和说唱爱好者都购买昂贵的运动鞋，体育爱好者和退休的专业人士都喜欢买高端电视，退休的专业人士和说唱爱好者都购买黑胶唱片。如何表现这些关系？

3. 画出这个经典采购漏斗的一个新版本，消除所有你认为无关的元素。

4. 马斯洛需求层次理论是理解人类动机的一个框架。它描述了人类从最大最基本的需求到更具体、更

高层次的需求，后者只有在前者得到满足之后才能得到满足。他提出的需求层次有六个，从最基本的开始，分别如下所示。

（1）生理需求

（2）安全需求

（3）归属感与爱的需求

（4）自尊的需求

（5）自我实现的需求

（6）自我超越的需求

下面哪个图是展示马斯洛需求层次的好的概念形式？

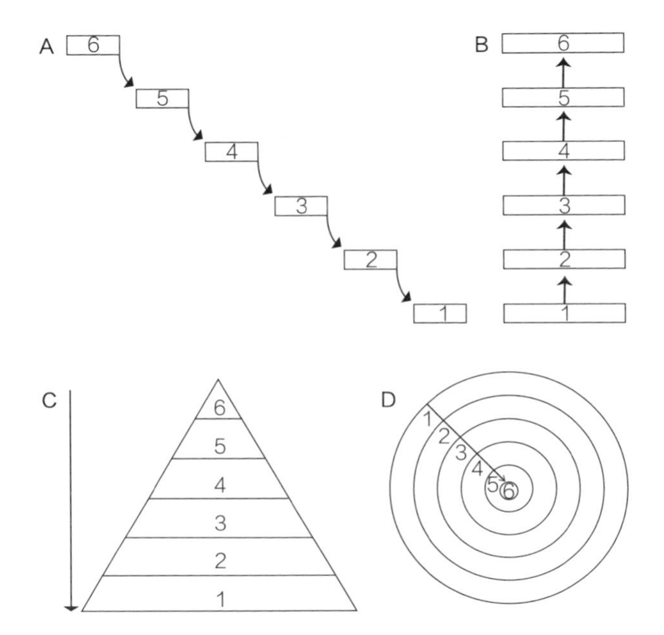

5. 你想为你的单位设计一个组织结构图。画出一种基本方法的草图，其中包括下面列出的每个变量以及直接的和间接的下属关系。不过，你还要根据你的喜好对委员会和团队进行分组。

2 名主管

5 名员工

2 名承包商

2 名来自其他部门的联系人

2 个委员会

4 个项目团队

6. 耶克斯 – 多德森定律表明，不同的任务需要不同程度的“兴奋”才能创造最优的绩效。我们已经知道，对于简单或熟悉的任务，更强烈的兴奋感会创造更优异的绩效。但是，对于复杂或不熟悉的任务，人们的绩效会首先随着兴奋感的增强而上升到一定程度，然后随着兴奋程度的持续增长和焦虑情绪出现而稳步下降。请画一幅草图来表示耶克斯 – 多德森定律。

7. 辨别是什么元素导致这个 2 × 2 矩阵清晰度降低了，然后绘制一个改进的版本。

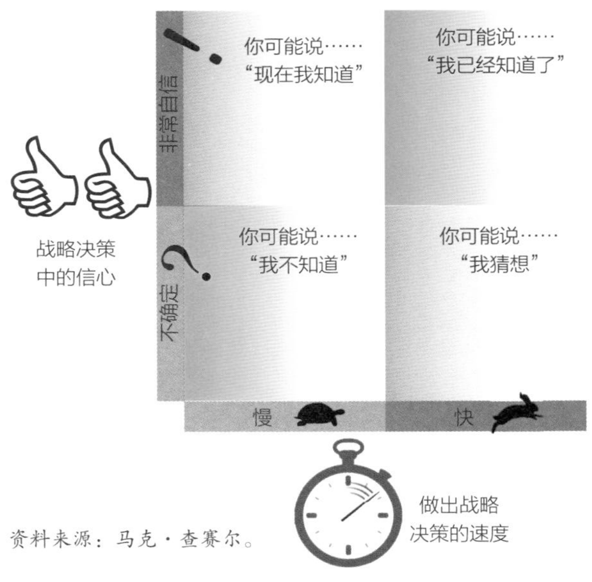

资料来源：马克·查赛尔。

8. 你可以怎样将这份表格转换成一个概念可视化图表？

	呼吸空气	会游泳	有鳍	有腿
山雀	×			×
黑猩猩	×			×
狗	×	×		×
鸭子	×	×		×
蚯蚓	×			
水母		×		
牡蛎				
海葵				
海龟	×	×		×
鲨鱼		×	×	
虾		×		
蜘蛛	×			×
石蟹				×
水腹蛇	×	×		
鲸	×	×	×	

9. 你想创建一个展示产品生命周期的概念性的演示，该产品的生命周期在引入阶段销量较低，在成长阶段销量增长，在成熟时达到销量高峰，在最后阶段销量下降。你会选择下面哪种表现方式？

A 产品生命周期
导入
成长
成熟
衰退
销量
RIP

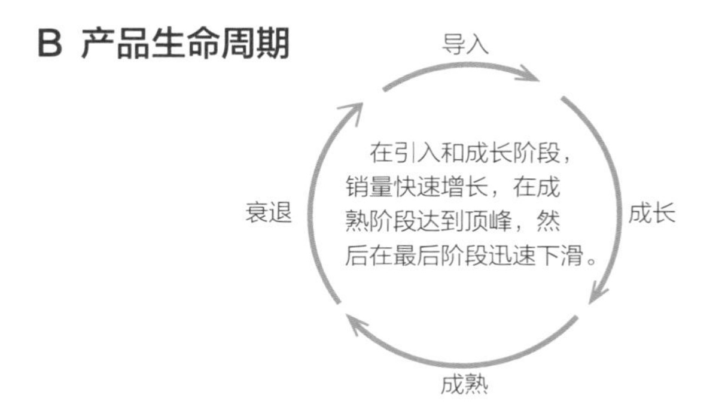
B 产品生命周期
导入
成长
成熟
衰退
在引入和成长阶段，销量快速增长，在成熟阶段达到顶峰，然后在最后阶段迅速下滑。

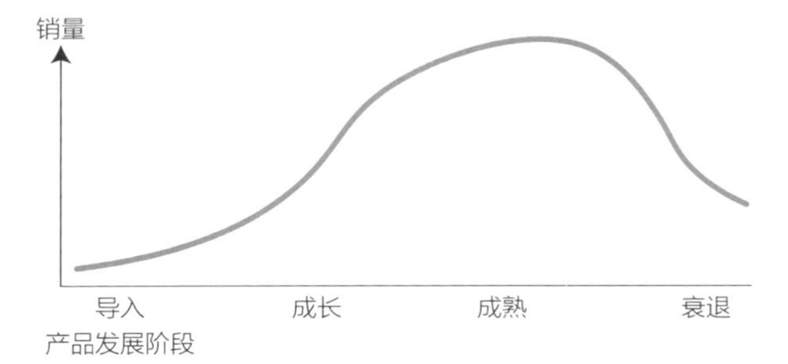
C 产品生命周期
销量
导入
成长
成熟
衰退
产品发展阶段

10. 这个概念图本应易于使用，但有三个元素使得它更难以使用。找出这三个元素，然后重新制作此图，以提高清晰度。

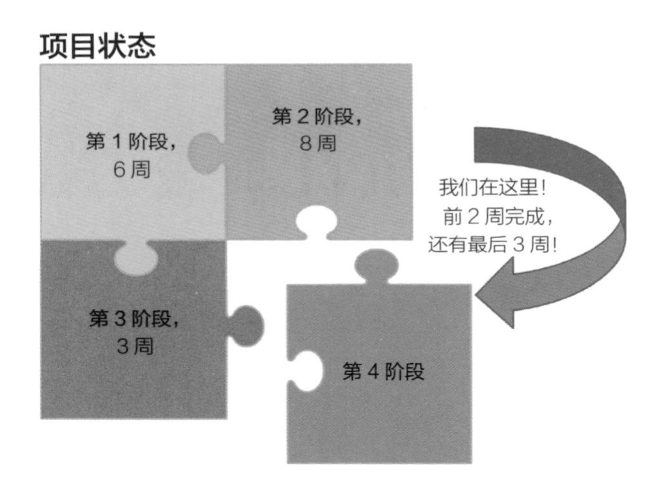

讨论

1.（1）生命在最底下　目前还不清楚这些形状是什么，但它们看起来很像漏斗，这足以使得各个层级的方向令人困惑。生命是最大的类别，包含所有其他类别，但那些子类别“沿着漏斗向下”进入生命，这很奇怪。漏斗在缩窄。正确的表现形式应该是：生命通过漏斗进入动物体内，动物又通过漏斗进入脊椎动物体内，以此类推。即使我们假设这些不是漏斗，我们也难以通过同样大小的形状来表现所有的类别，而且，这些形状没有一个是来自子集。这里我们有一些很好的隐喻：生物分类可以用漏斗表示，也可以用金字塔表示，每个类别都是前一个类别的子集，所以，它们是嵌套的。但是，这个可视化图表并没有利用这些理念。

（2）彩虹的颜色　用颜色来区分一个类别和另一个类别是可以的，但我们不清楚这些颜色除了吸引眼球之外还有什么用途。彩虹的颜色呈现降序，但为什么呢？例如，目和纲的颜色色调是相似的，让我觉得它们在某种程度上比目和科更加紧密相关。生命和域似乎被分成了一个组，界和门，纲和目也一样，而上面的三个类别区别更明显。为什么？我怀疑图表制作者决定使用赤橙黄绿青蓝紫这七种彩虹的颜色，但不得不拉伸它们，因为这里的类别不止七个。

（3）点　显然，这些点是为了表明不同级别的分类有着不同数量的元素。生命只有几类，所以它的点更少。但是，生物中的科很多，所以，科的上面有更多的点。这个图表是概念性的，不是统计性的，但由于我可以很容易地数出这些点，所以我想知道它们是否代表某个值。我注意到了它们，但不太容易理解。

我没有使用颜色来吸引眼球，而是运用了角度空间，我坚持认为它在吸引注意力方面足够有效，而且，与彩虹颜色不同的是，角度空间在这里是有目的的。向下收缩意味着向更小、更特定的领域进行过滤。请注意，整个可视化图表是封闭的，以便让人感觉这些实体并非截然不同的，而是更大的实体的子集。添加一个示例，有助于说明这个概念。

我重新制作的图表有意地没有使用彩色，实际上是带了一个角度的表格。我考虑了其他形式：嵌套的圆圈和倒金字塔。但我在这两种形式上都遇到了问题：圆圈让我感到复杂，视觉上也让人感到很忙乱。倒金字塔虽说没那么复杂，但当空间缩小，当金字塔缩小到“塔尖”时，就会出现标签无处安放的问题。所以，我采用的这种形式，暗示是一种倒金字塔的设计，但它足够开放，可以容纳标签。

如果你搜索，会发现数百种生物分类系统和其他“金字塔”系统的设计。许多人使用3D视角，但不起作用。通常情况下，各层次的颜色过于鲜艳了。试图想出一些有用但又不过度设计的东西，可以很好地约束自己。

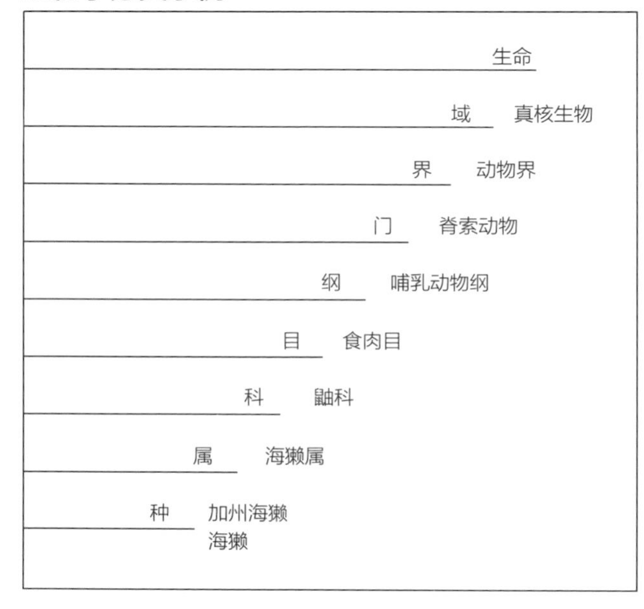

2. 重叠（overlap）这个词让我想到了韦恩图。韦恩图很难把握，因为它们很容易，这使得它们被过度使用和错误使用。简单地重叠圆圈，并不会在圆圈中包含的变量之间创建关系。必须存在一个共性来证明使用韦恩图是合理的。此外，过多的重叠会造成拼接的颜色混为一体。这时，动态的颜色而不是重叠部分中的信息，将成为吸引眼球的元素。在这里，我没有对这个图表使用彩色，这是为了适应非常简单的信息，我不必使用彩色。

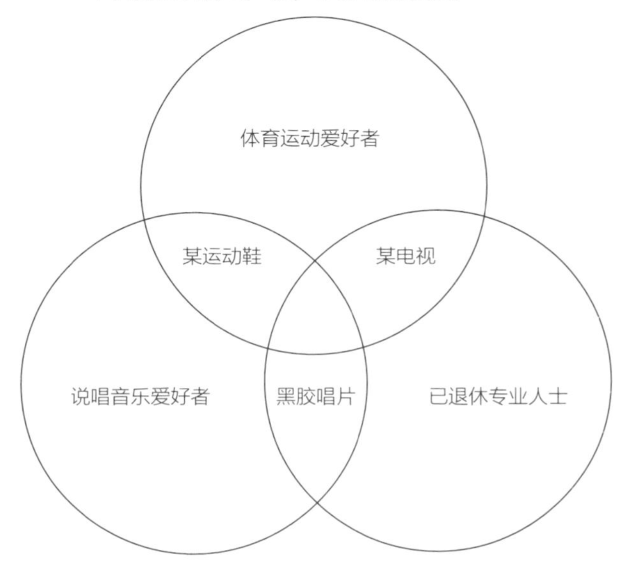

3. 像漏斗这样的业务流程模板，我们很容易找到和使用它们。它们吸引眼球，但并不总是有助于表达意义。这个漏斗中无关的元

素包括 3D 效果（这样的表现形式不太必要）以及它的光泽。漏斗旁边的条形（可能是标签）是不必要的。与漏斗节相邻的单词将被清楚地解释为属于这些部分，我们最好将文字放在漏斗上——这也是摒弃 3D 效果的另一个原因。颜色也可能是不必要的。即使你确实需要颜色来区分，这也会迫使你将其分成五个不同的类别。有时，漏斗有它的分组（顶部的是一组，底部的是另一组），这将需要更多的互补色。

本着克制和控制的精神，我尽可能简单地重新设计了漏斗。我只用了六条线来表达同样的意思。这仍然意味着缩小，它包含了之前的漏斗中的各个部分，并且能很好地安放标签。如果颜色是必要的，它可以很容易地应用于图里的那些水平线上。如果标题是“我们的销售漏斗”，那么我们毫无疑问知道它代表的是什么。这是一个很好的例子，说明了为什么不需要太多就可以清楚地表达隐喻。概念不需要被过度设计。

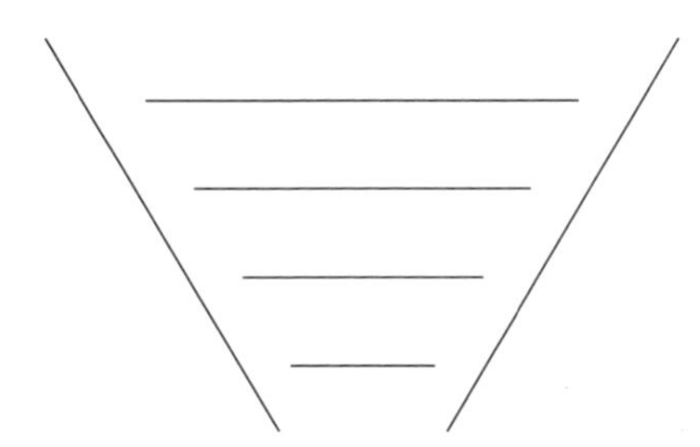

4. 答案：D　这是另一个金字塔！大多数线索都在问题的措辞中。“最大、最基本的需求”让我们想到空间和基础。毕竟，基本

的（basic）这个词源于基础（base）这个词。所以我们喜欢“首先需要一个大的基础”的这个想法。接下来，我们提升到“更高”的层次。你也可以通过排除法得到 D。答案 A 是一个瀑布图，但它的描述并没有表明我们正在迈向“自我超越”，而且，它没有按需求的“大小”来衡量。答案 B 按升序来排列，这是正确的，但同样，所有的需求都同等重要。答案 C 很诱人：基本的需求更大，以最高需求为目标的概念很有吸引力。但是，C 图中向下的箭头与更高需求的想法背道而驰。如果标签和箭头从底部开始向上，这可能行得通。不过，打个比方，目标并不完全是有层次的，而且，考虑到我们对层次的表现有更好的选择，我还是坚持使用金字塔。

5. 组织图表的结构已经很好地确立了，所以我不需要重新创建它。我一直坚持代表人际关系的基本原则：组织中同级别的员工在图表上处于同一平面。级别更高的员工则显示在更高的地方。实线表示直接下属，虚线表示间接下属。对于联系人，我选择了一条曲线来表示关系是直接的，但这不属于报告结构的一部分。

我本可以在这个图表中创建更多不同的单位。例如，经理和员工的方框可以有不同的形状、分量或大小。但是，每一种额外的形状或变量，都要求看图者找出它所代表的内容。在这里，我只使用两种类型的方框：员工和承包商。我还注意保持线条简短。细心的看图者会注意到，我也一直遵守惯例。直接下属的线总是从方框的顶部和底部进入和退出，而间接下属的线总是从两侧进入和退出。这种一致性，有助于使图表更具有可读性，即使看图者说不出其中的原因。

至于团队和委员会，我坚持使用简单的标签，而不是试图创建视觉上的关系。我尝试过这么做，但在我勾画这些关系的草图时，很快就变得一片混乱了。我对颜色犹豫了一段时间，但决定保留它，因为它比所有东西都是黑色的时候跳得稍稍更快一些。我指望看到这个图的人能习惯把团队 B 看成红队。但是，通过使用数字和字母，我还考虑到这张图表或许会被印成黑白版本。

单位结构

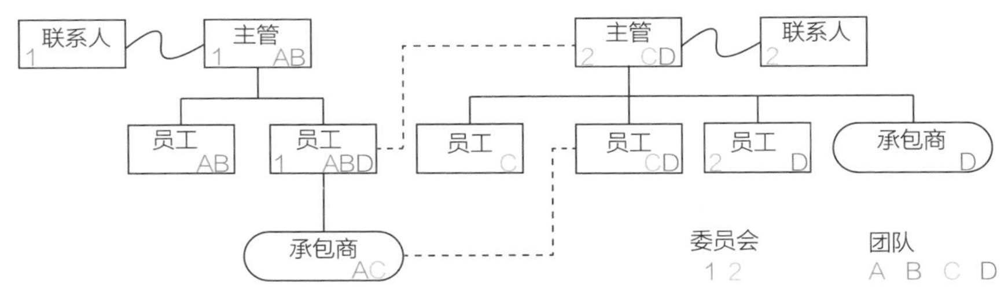

6. 即使没有数据要用图表来表现，我们也可以使用数据样式的图表类型来表达概念。运用惯例：红色意味着危险，绿色意味着安全。图表类型本身就是你可以运用的惯例。我们大多数人都知道，向上和向右的直线通常是相关的，而散点图中的异常值表示“这个东西和其他的不一样”。你可以运用惯例来传递概念，就像我在这里做的一样。我在图中不需要使用数据，但如果可以制图或者已经制图了，数据呈现出来的样子就是图的样子。仔细阅读最初的练习题目，你就会发现，题目要表达的意思在图表中得到了清晰的反映。

如果你养成了用统计类型的图表来表达非统计概念的习惯，一定要清楚地将它们标记为“非统计”，以免有人认为那里有实际的数据。

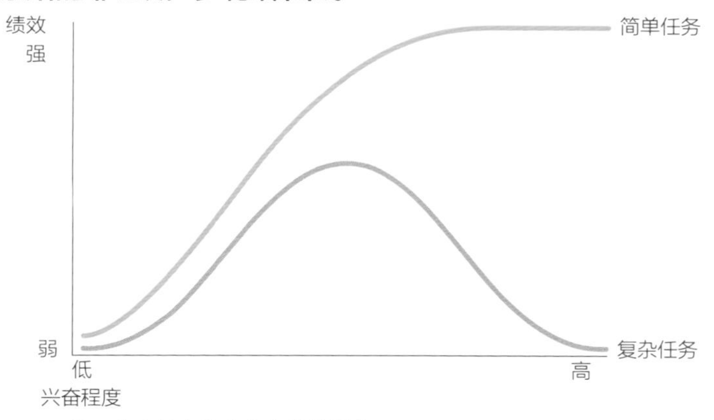

注：此为概念的而非统计的图表。
资料来源：公共领域图表应用，维基共享资源。

7.（1）标题　我们混淆了我们的隐喻：这不是一个频谱，而是由两个频谱交叉而成的矩阵。

（2）剪贴画　一般来说，像这样的图标处理是不必要的。在这个案例中，它们让人更加泄气，因为它们不仅是多余的装饰，而且尺寸如此之大，以至于淹没了它们想要说明的标签。

（3）象限标签　重复使用“你可能说…”，在这里并无太多意义，实际上，只用引号中的内容就够了。另外，为什么标签放在象限的右上角呢？这是意味着这些引用的话就只能在这些象限中的某个特定位置，还是仅仅是一种设计的花式？

（4）象限的颜色　也许这个图表的制作者想通过对每个象限使用梯度填充来强化频谱的概念。同样，我们也不清楚这是否起到了作用。象限的颜色暗示着，当你在每个象限向右移动时，那个空间内的某些东西会发生变化，但实际上不是这样。此外，象限的颜色也令人困惑。为什么频谱的两端（“我已经知道了”和“我不知道”）是同一种颜色，而另外两个颜色与它们形成对比？这无助于我们理解，只是引起了我们的疑问。

为了改进这一点，我首先删除了所有吸引眼球但对讲述故事没有帮助的东西：剪贴画、额外的文字以及颜色的渐变。然后，我对每个象限使用不同饱和度的单一颜色，因为这个矩阵中包含一个频谱。它线性地从自信、快速变化到不确定、缓慢。随着确定性越来越低和速度越来越缓，颜色也变得越来越浅。最后，我更改了主标题，以更好地反映矩阵的概念。

除了编辑图表之外，我在这里几乎没有做什么：让这个图变得更好的大部分因素来自我从图中删除的东西，而不是我改变的东西。

四种战略决策风格

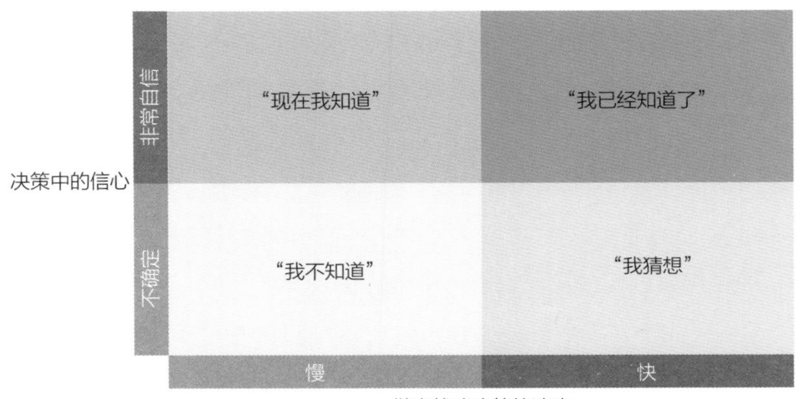

资料来源：马克·查赛尔。

8. 具有矩阵特征的图表，可以用韦恩图来描绘。虽然使用韦恩图将不可避免地出现一些“漂浮”的现象，但对齐将有所帮助。随意放置各种元素，将产生无序的感觉。本例中的对齐点使每个集群更像是一个列表。在这里，我对颜色做了一些小小的调整：蓝绿色调的圆圈代表动物做的事情。红橙色调的圆圈代表它们拥有的东西。

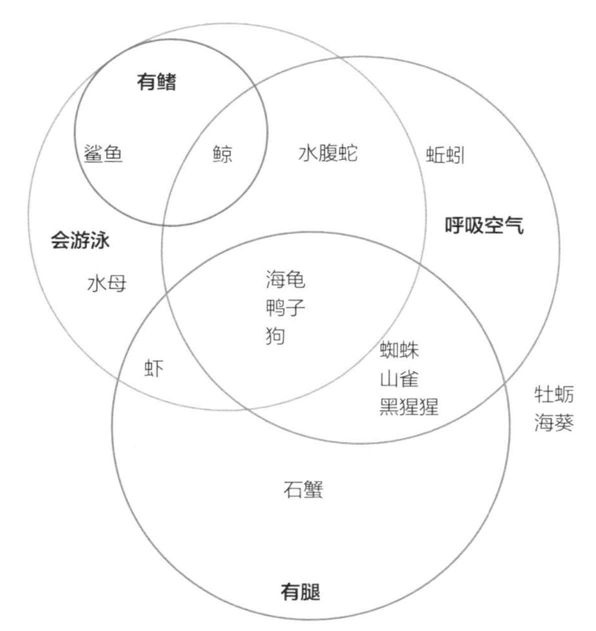

资料来源：改编自大卫·沃尔伯特的图表（learning. org/lp/pages/2646）。

尽管这个练习是将表格可视化，但根据上下文的不同，设计良好的表格可能同样令人满意。如果你希望人们能够首先看到单个的项，然后再看到它们包含哪些特征，那么，表格也许是更好的选择。不过，查看哪些项与另一些项共同具有哪些特征，就不那么容易了。图形将更快地显示特征以及哪些项共享这些特征，但是，要找到单个项并查看其所有属性，也不那么容易了，尤其是随着项的数量的增加。

9. 答案：C　尽管有生命周期这个说法，但这个概念并不是一个真正的周期。结束并不意味着新的开始。生命周期是一个有着开始、中间、结束的过程。这就排除了答案B，因为它就是一个真正的循环：下降阶段指向“引入”，但“引入”并不一定从“下滑”开始。此外，时间的影响被降级到了文本的中间。答案A使用了正确的形式，但却聪明过头了：用来代表各个阶段的方块是可以的，但将人类变老作为一个隐喻，给人的感觉是与产品生命周期无法产生联系，甚至不合适。不过，图表有时是这样装饰的，因为备选方案（答案C）似乎太简单了。我们要抵制制作花哨图表的诱惑，相信简单。

10.（1）*颜色*　目前还不清楚为什么红色会随着时间的推移而变深，或者为什么第4阶段的颜色会完全不同。红色表示危险，绿色表示安全。在项目状态更新的背景中，这可能暗示红色阶段处于危险中，红色最深的地方危险最大。

（2）*箭头*　它的丝带风格吸引了人们的注意，但它盖过了说明文字，而说明文字阐述了整个图的核心思想。另外，虽然这意味着“漂浮”没有起点，但似乎来自第2阶段，这没有任何道理。

（3）*隐喻本身*　拼图块是一种常见的介绍性的比喻，但在这里并不正确，因为项目的各个阶段并不是互锁的，而第3阶段也没有与第2阶段连起来，尽管前者必定是接在后者之后的。隐藏在普通视野中的是一个更好的概念隐喻：时间轴。

将周数转换成块状单元，可以更清楚地区分各个阶段。当我们必须在其他的背景中回忆各个阶段时，可以在以后的图表中重新使用这些颜色。未填满的块状单元与未完成的工作任务之间的简单对等是十分清楚的；我觉得，除了“我们在这里”这句话之外，该图再不需要任何标签。

项目时间表

物联网发展全景图

资料来源：高盛全球投资研究。

全景图

我们常常想表现大局，但这很难。就其本质而言，它包含了许多观点、漫长的时间轴和广阔的范围。当我们试图将大局可视化时，会得出一个关于全景图的有意义的隐喻。全景图展现空间中所有的特征，这些特征足够宏大，足以表现我们想要展示的东西。全景图有许多种，如移动全景图、零售全景图，以及这里显示的物联网全景图。正确处理全景图要求我们严守戒律、勤于编辑和对清晰度的敏锐关注。最简单的方法是尝试创建一个完整全景图，也就是包含所有东西的图，但这几乎不可能带来最好的结果。让我们来做些练习吧。

1. 在没有任何其他上下文的情况下，尽你所能描述这个物联网全景图。

2. 以下是高盛（Goldman Sachs）研究分析师西蒙娜·扬科夫斯基（Simona Jankowski）在 HBR.org 网站上发表的一篇文章的节选，文章经过编辑，配有上面这个概念可视化图表。在此背景下，寻找调整图形的方法，并根据文本内容绘制新的版本。

> 物联网是互联网发展的第三次浪潮。尽管固定互联网是在 20 世纪 90 年代借助个人计算机发展起来的，连接了 10 亿用户，移动互联网是在 21 世纪 00 年代通过智能手机（即将达到 60 亿用户）发展起来的，连接了 20 亿用户，但物联网可望在 2020 年之前将 280 亿个“物体”连接起来，这些“物体”包括智能手表等可穿戴设备、汽车、家电和工业设备等。

我们聚焦物联网将首先进行测试的五个关键的垂直领域：可穿戴联网设备、联网的汽车、联网的家居、联网的城市和工业互联网。

通过信息娱乐、导航、安全、诊断和车队管理，汽车与汽车之间的联系，随着新车型的推出而变得越发紧密。联网的家庭或许是物联网下一个最清晰的试验场。在安全摄像头和厨房电器等领域，我们有机会通过智能恒温器和暖通空调系统来降低能源的使用和成本。

在联网的城市，美国 1.5 亿个终端的普及率接近 50%。欧洲的目标是，到 2020 年 80% 的家庭拥有智能电表。智能电表和网格网络架构为进一步的互联互通奠定了基础，包括智能路灯、停车计价表、交通灯、电动车充电等。

我们相信，到 2020 年，工业物联网的商机可能达到 2 万亿美元，影响工业的三大领域：建筑自动化、制造业和资源。工厂和工业设施将利用物联网提高能源效率、远程监测和控制实物资产，并且提高生产力。

资料来源：Simona Jankowski, “The Sectors Where the Internet of Things Really Matters,” HBR.org, October 22, 2014。

3. 在文章的内容中找出另一个简单的概念图，并画一版它的草图。

讨论

使用全景图最简单的方法是把它当作现实主义者的风景画，并且将一切都包含其中：前景、中间景、背景，以及微小的细节。这通常导致图表陷入混乱。一个常见的例子是“品牌全景图”（brand landscape），它将数十家公司的标识放置在一个空间中，以显示按一定组织原则（比如，低端对高端的原则）排列所有参与者的某个行业。

我对这幅物联网全景图避免了许多全景图的命运表示赞赏，但不知道它是否已经跑偏了太远，以至于变得如此简单，再次模糊不清了。

1. 在没有其他可用信息的情况下，我怀疑我们正在关注各种物联网类别的市场规模。这就解释了为什么越来越多的圆圈向外移动。最大的圆圈代表物联网全景的整体，较小的圆圈代表市场的子集。这不能解释蓝色色调逐渐饱和，我怀疑它只是意味着区分每个子集所在的空间。

这似乎是个不公平的提示，使得我们在未掌握全部信息的情况下解释图表，但它实际上又是一个有用的提示。给朋友看一张没有上下文的概念图，并且问他们看到了什么。你绝不能指望他们一下子就能看得懂，但这个过程会暴露这种做法的弱点。他们可能会看到你原本不打算给他们看的东西，或者可能无法理解你想让他们马上就能理解的东西。这正是我在面对这张图时的经历。

2. 附图文字显示了一个我没有注意到的时间元素。不但整体市场在增长，而且现有市场和潜在市场也在向外扩展，尽管并不完全如此。有些领域已经部分开发，有些领域则尚未发展。我想在这里对时间做一个更明确的处理，然后看看是否能找到一种方法来表示垂直领域里现有市场和潜在市场的重叠。看起来，我可以将 2020 年用来作为“未来点”的一个好参照点，因为它被提到过两次。

我发现有趣的是，这篇文章称它们为“五个关键垂直领域”，却用圆圈代表它们。我会尝试一些其他的方法来展示这些细分市场。

文中提到了特定的终端和潜在的市场规模，但我可能会避免在概念图中表达得过于具体。我也许会尝试包含和不包含数据点的版本，但我最初的倾向是坚持笼统一些，因为这些数字是面向未来的，既不全面，也不一致。并不是每个垂直领域都包含了一个估计值，有的是终端的数量，有的是金额的多少。这样下来，我们可能会被细节所淹没。

你在这里读到的是一种建设性的批评，你可以而且应该将这类批评应用到你的和其他人的图表上去。这听起来就像在我脑子里画草图，的确是这样。我对看到的东西反应很快，不会想太多。我记住我说过的一些内容，在文本中圈出关键词，勾画出替代方法。这是一个值得培养的习惯。正如优秀的作者也是优秀的读者一样，优秀的图表制作者也是优秀的图表使用者。实践是有益的。

最后，我没有在这里做太多改变，因为同心圆是很好的起点。但我认为，下面这个图提高了清晰度，足以标志着一种进步。通过添加轴线标签，我已经明确了形状的维度代表什么。这一划分有助于将物联网全景图的整体发展置于背景之中。增长的重叠是有意的，以表现各个领域往往如何相互影响和相互联系。最后，通过运用水平空间，我在全景图中创造了添加信息的空间，例如，这些信息涉及每个垂直领域中的应用。

物联网发展全景图

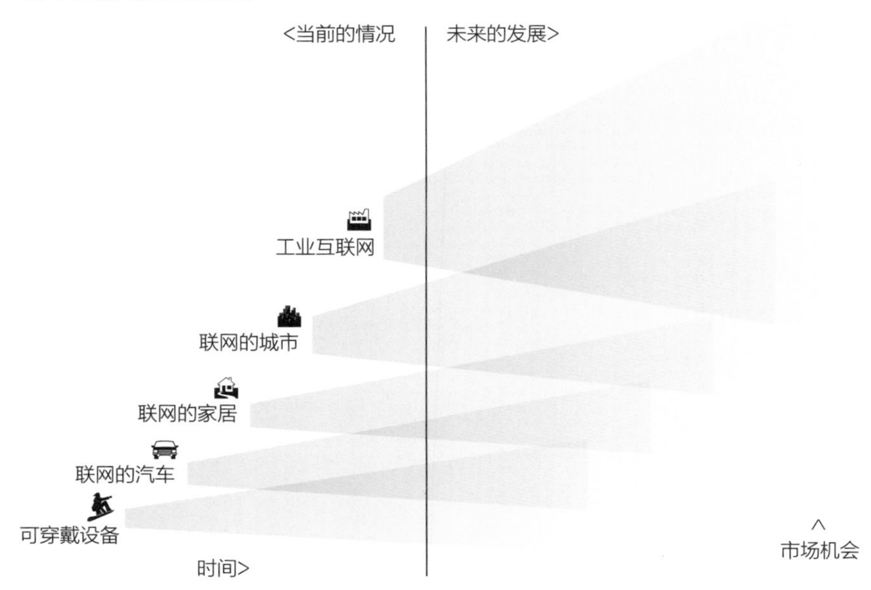

资料来源：高盛全球投资研究。

改进并不总是来自在概念图中添加更多细节。有时候，仅仅是一些合适的细节，就能将图表从过于局限和模糊变得清楚和明晰。

3. 我在那些文字描述中看到了多个制作概念图的机会。我认真考虑了带圆圈的韦恩图，这些圆圈展示五个垂直领域，它们包含物联网的各种应用及好处。但是，我不能放弃对第一段内容的视觉化。我突然想到了浪潮的隐喻，而且，所有的视觉化元素都在这里。文中有一些数据，所以，在某种意义上，这是一个混合了概念的和统计的图表。我认为它更加概念化，因为我们实际上并不知道增长曲线是什么样子的，只知道终端处的比例差。我没有去费力地制作真正的曲线，而是大致地制作了一根类似于平稳增长的曲线。我也没有标记纵轴，因为真实的数字在这里不如每一波浪潮的增长率的概念重要。最重要的是，我在概念图的底部指出，这个图是概念性的。最终的结果是个简单的图表，你可以看到三波浪潮，其中一波随时会淹没我们，我在标题中强化了这个观点。

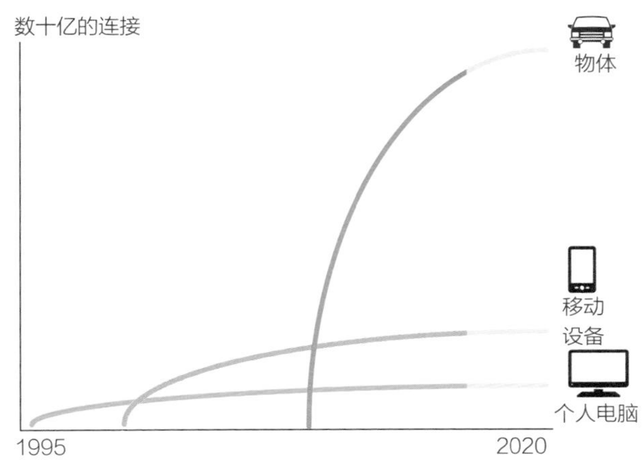

注：比例准确的概念表示方法。
资料来源：高盛全球投资研究。

层级和时间轴

让我们来处理商业演示中最常见的两种比喻：层级和时间轴。服务是分层的，各个组织也有层次，影响是分层次的，定价模型也分级。策略随着时间的流逝而一步步实施，项目和产品随着时间的推移而推出，公司的历史是一条时间轴。糟糕的是，收入图也有时间轴，请你准备好来标记影响趋势线的关键事件。在某个时候，你将不得不解释一些有层次的模型，并且画出时间轴。如果针对这些常见形式，形成一些有效的策略，将大有裨益。

这份由两张幻灯片构成的演示展现了层级和时间轴，它们是向一家考虑投资销售培训项目的公司进行推介的一部分。两张幻灯片十分全面，但它们是不是有效呢？两者都暗指了层次，而第二张则倾向于可视化，但我认为我们可以改进它们。让我们来做吧。

1. 将第一张幻灯片中的观点可视化。在你认为必要的时候尽可能多或少地运用幻灯片上的信息。

2. 批评第二张幻灯片中的时间轴。找到你认为有效、无效或者令人困惑的元素，以及你想在幻灯片中添加或更改的一样东西，同时还考虑清楚你认为值得记下的任何其他观点。

3. 使用概念可视化图表重新对这份演示可视化。尽可能充分地利用幻灯片，数量上可多可少，只要你觉得这对信息的有效表达是必要的。

建议的销售培训项目

达到组织中的多个层级

高管销售领导系列（2017年10月至12月）

以高管领导为对象（约10人）

- 以组织的最资深成员为对象的高度个性化的活动，提供良好的住宿
- 5天的面对面静修和2天的一系列面对面的聚会
- 包括讲座、小组工作、策略发展、人脉结交和教练辅导

销售管理项目（2018年1月至6月）

以精英的销售团队为对象（大约25人）

- 极具潜力的销售人员沉浸式学习环节
- 旨在帮助建立高管领导渠道
- 为期3天的面对面研讨会和为期1天的项目结束时的聚会，其间进行虚拟学习

销售人员能力提升（2018年2月至2019年1月）

以销售人员为对象（约100人）

- 虚拟学习模块适用于较大的群体和自主学习
- 包括现场讲座、随需所应的访问、学习材料和视频课程
- 4周的虚拟项目

建议的交付路线图

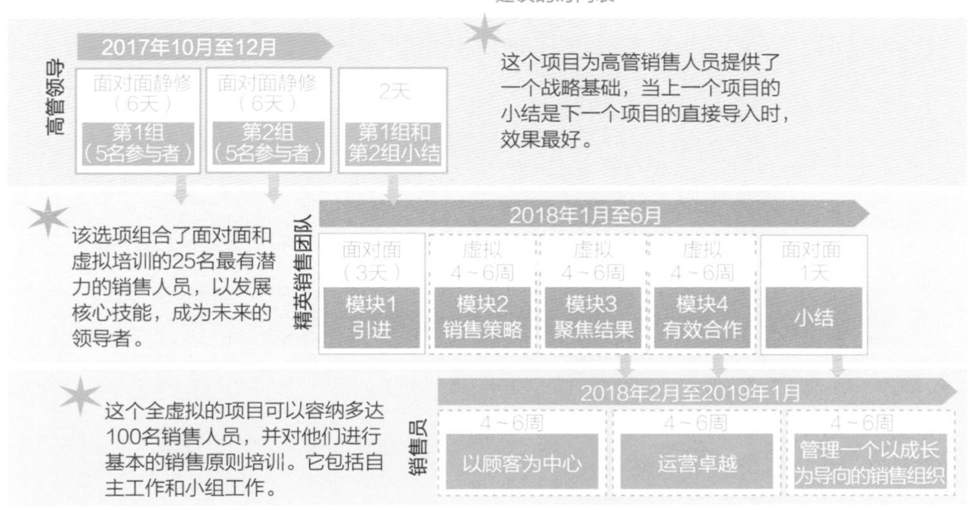

讨论

销售是个高风险的游戏。传递信息以实现销售的巨大压力，会导致信息过载。尽管将所有内容包含进来确实可以保证包含正确的内容，但这样做会适得其反，因为将导致像这样的幻灯片“不堪重负”。将所有内容呈现出来，无异于邀请观众阅读而不是聆听。虽然看起来不太可能，但是你正站在一个不错的起点上：你有着强大的隐喻来构建概念图，而且不管信息如何呈现，至少它们的基础是清晰的。

1. 如果你研究最初的第一张幻灯片，会发现里面有很多结构性的思考。层级就摆在那里作为要点单元，缩进表示组织内部的不同层级——几乎就像图表制作者在考虑组织结构图一样。销售员向精英销售团队汇报，精英销售团队向高管团队汇报。

但是，文本背叛了这种层级结构，因为随着层级的下降，人的数量也在增长。不同的群体却有着相同的空间。最大的群体放置在了最小的宽度上。

我的方法是着重关注一个简单的层级可视化表现方法：经典的金字塔。一旦我看到人数随着层级的下降而增加，就很难不去想这个问题。这是金字塔结构的一个经典例子。我还考虑了三个单位图，其中一个堆叠了 10 个点，另一个 25 个点，第三个 100 个点。最后，我确定这个图不能像金字塔那样很好地传达层级结构，而且，正如你将看到的那样，它在这个背景中并不能被重新使用。

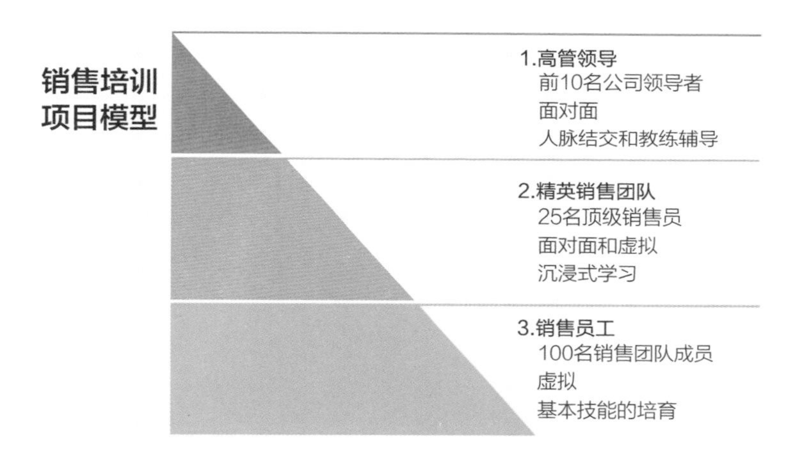

我将金字塔垂直对半分开，于是制造了一个漂亮的左对齐点，而且不会浪费空间。给楔形块的标题编号，将提示看图者，这里的进程是自上而下的，不是自下而上的。我面临的最大挑战是如何在空间上处理这些要点。一开始，我让它们沿着楔形块舒适地对齐，但这制造了多个对齐点并且突出了对角线，在视觉上分散了注意力。对齐文本会造成最上方的楔形块远离文本，因此，干净的笔画线可以在不破坏视觉效果的情况下保持连接。

最后，我想看看我可以删去多少文字，而且不会遗漏我在原始幻灯片中感觉到的关键信息。我在这些练习中总是大刀阔斧地“砍掉”多余的文字，有人不止一次指责我做得太过火，遗漏了必要的词汇。如果这是一个演示幻灯片，我对剩下的文字内容很满意。值得注意的是，这张幻灯片成功地传达了原文的大部分内容，但原文使用了 138 个英文单词，它却只使用 35 个英文单词。记住，我可以边说边补充一些细节（观众会听我说的，因为他们不会忙于阅读幻灯片），因此我选择在每一层次中只保留三个信息：谁、做什么、怎么做。我省略了时间框架。我在提前考虑时间轴，知道信息也在那里。然而，如果这个图表需要独立存在，那么将时间框架放回来是明智的。我想许多尝试这个练习的人都会保留时间轴，这是一个不错的选择。

这里最重要的想法是在可视化图表上大胆一些，因为隐喻十分简单和强大，并且将所有干扰最小化了。

2. 我发现有效的是以下几点。

- *我喜欢为时间轴中的每一层使用颜色* 让它们保持一致是有意义的，这使得我很容易知道看向哪里。而且，它们是可重复使用的——每当我谈论这三个群体中的某一个时，都可以使用其颜色来创造快速的下意识的联想。
- *我喜欢在面对面和虚拟培训中使用不同的方框样式* 在虚拟培训中使用虚线轮廓是有意义的，无须太多思考，我就能明白。

我发现无效的或令人困惑的是：

- *加星号的段落分散了我对时间轴的注意* 我感到阅读文本和理解可视化图表之间的冲突。更重要的是，一旦我读了它们，就会觉得被骗了。文本要么重复了前一张幻灯片中的信息，要么描述了时间轴显示的内容。
- *向下的箭头把我弄糊涂了* 我不确定它们是按字面上的意思映射到时间轴，还是仅仅显示从上一层到下一层的一般进展。灰色和其他颜色对照起来，看图者也不能很好地阅读。我差不多忽略了箭头。

我想要补充或改变的是：

- 我想让时间轴更有时效性　这里包含了很多有用的信息，但我不清楚时间的推移和里面发生的事情之间的关系。例如，对于销售人员来说，最下面的一层涵盖了时间轴上的 11 个月，但是只包含 3 个模块，时间跨度为 4 ～ 6 周。将空间按比例用于实际时间和项目时间，将使这一点更有效。

其他值得记住的想法：

- 我经常使用这个类别来收集我在设计和执行过程中的一些尚待完善的小细节，这里我注意到了两个。旁边的文字像是不值得保留的花哨设计。这些方框本身可能被过度设计了，其方案要求在白色的地方显示彩色文本，在彩色的地方显示白色文本。我想简化它们。

像这样的批评，对于养成良好的视觉化习惯是非常宝贵的。它能帮助你思考你在看什么，并且找到你的声音。你做得越多，就会越发注意到你倾向于喜欢或不喜欢某些方法，而且，你做出的调整总是反映出你认为有效的某种风格或技巧。

但请记住，批评不是打分。我的方法并不就是对的，那只是我对我所看到的东西诚实的第一反应。你可能认为加星号的段落十分有效，这很好。把批评当作思考和学习的机会，而不是评判。你会注意到，我并没有在上面说那些就是错的或糟糕的。我谈到了什么对我有用，什么对我没用，以及当我看到这些可视化图表时的感受。最好的批评就是这样。

3. 我把原来的两张幻灯片变成了 10 张。是的，10 张。听到这个数字，你可能脸色发白，但我希望，当你看到我如何制作它们时，你就会明白了。我将用幻灯片来分点论述。

层级　我制作了四张幻灯片来显示这些层级。第 1 张幻灯片介绍了层级的概念，不包含更多细节。连续的幻灯片中的每一张都聚焦于一个层级，并且提供的信息与其他层级一致。

这与经典的“制作幻灯片”略有不同。我不是把新信息叠加在旧信息之上，而是做了一些稍稍不同的事情。每个步骤都引入了新的信息，删除了旧的信息。这迫使我们聚焦。只有我想要谈的才会出现在幻灯片上，以引发观众思考。这为专注的讨论创造了机会。如果所有三个层级都是可视的，而我说的是第 1 层，那就没有什么能阻止观众提前阅读、举手示意，并提出第 3 层的问题。

如果执行得好，这就感觉像是一张幻灯片变了三次，而不是四张单独的幻灯片。这是用于显示数据可视化图表的最强大技术之一。

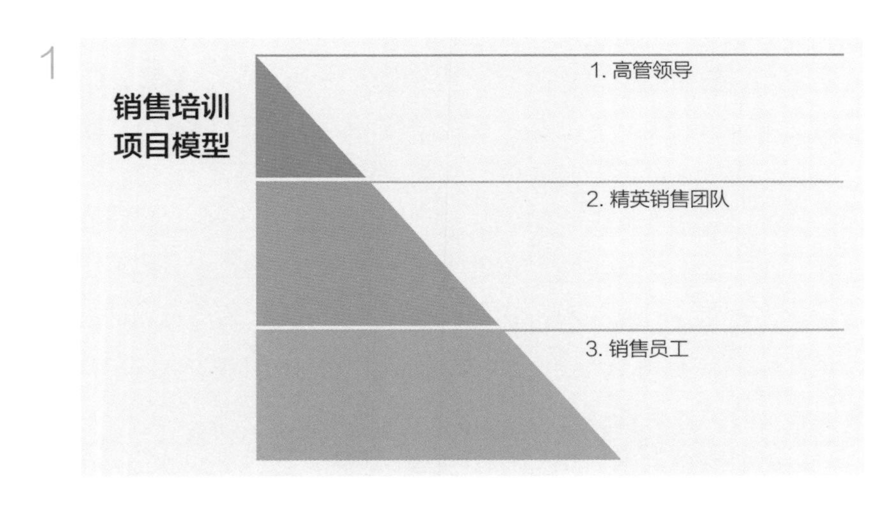

2

销售培训项目模型

1. **高管领导**
   前10名公司领导者
   面对面
   人脉结交和教练辅导

3

销售培训项目模型

2. **精英销售团队**
   25名顶级销售员
   面对面和虚拟
   沉浸式学习

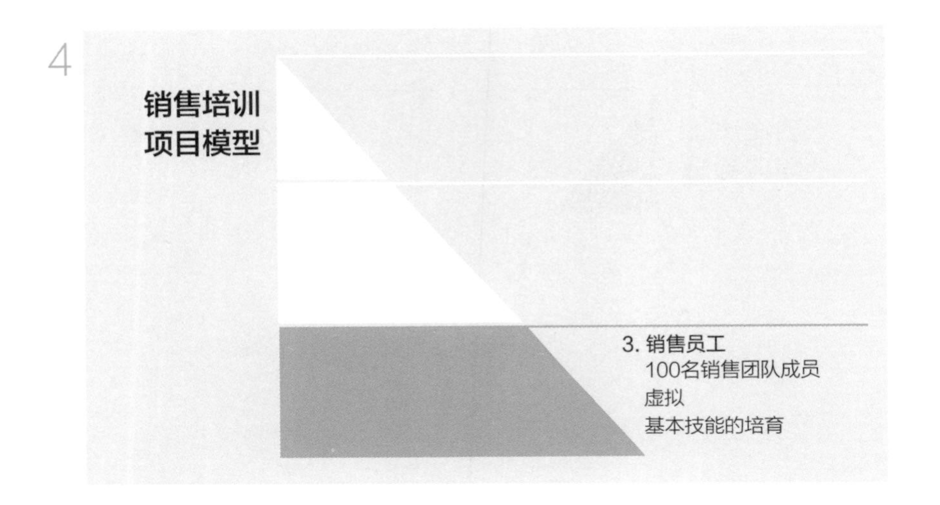

时间轴　我为时间轴重新运用了强制聚焦方法，但使用了一些附加的创意。首先，我要区分面对面的和虚拟的活动。在最初的制图中，方框是用实线或虚线勾勒出来的。我从中获得了灵感，并使用交叉线来显示虚拟活动，以区别于面对面活动。每种类型只标记一次就足以将其锁定在看图者的记忆中。（注意，我没有使用图例，而是使用了标有“真实实例”的标签来限制视线的移动。）

接下来我想对真实的时间进行合理化，所以创建了一根真正的时间轴，使得活动时间与实时时间成比例。这样做的好处超出了我的预期。它清楚地显示了分配的时间跨度，并且提供了每个层级相对强度的几乎即时的感觉。相对而言，第 2 层似乎被投入了许多的精力和时间。此外，由于我要向客户推销产品，而且没有确定这些活动的具体日期，所以，空白区域变得可以协商了。也许客户想要晚一点开始第 3 层；现在很明显，这是可能的。也许客户认为第 2 层太过密集了，想要延长时间轴。

我将颜色与层级进行匹配，以明确谁与何时之间的联系。我还将这些层级作为里程碑重新呈现，以提醒观众记住它们之间的联系。

同样，如果执行得好，这不像四张幻灯片，而是像一张幻灯片变换了三次。

5　销售培训建议的时间轴

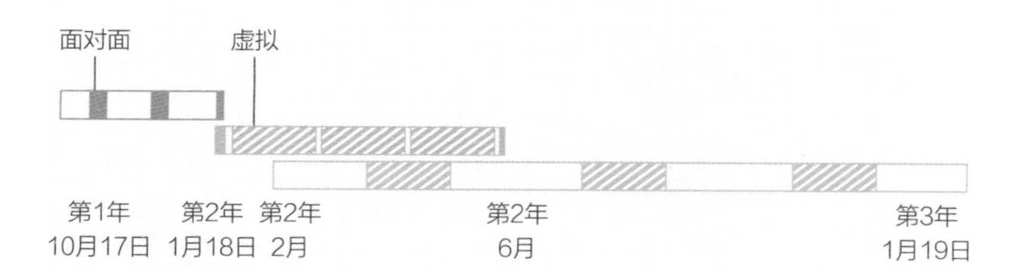

6　高管领导时间轴

2次为期6天的面对面静修（每次5位高管）
1次为期3天的面对面总结活动
总结活动恰好与第2层的开启同时进行

第1年 10月17日　第2年 1月18日　第2年 2月　第2年 6月　第3年 1月19日

7 精英销售团队时间轴

1次为期3天的面对面介绍
3次为期6周的虚拟课程（销售策略、聚焦结果、高效合作）
1次为期1天的面对面总结活动

第1年 10月17日　第2年 1月18日　第2年 2月　第2年 6月　第3年 1月19日

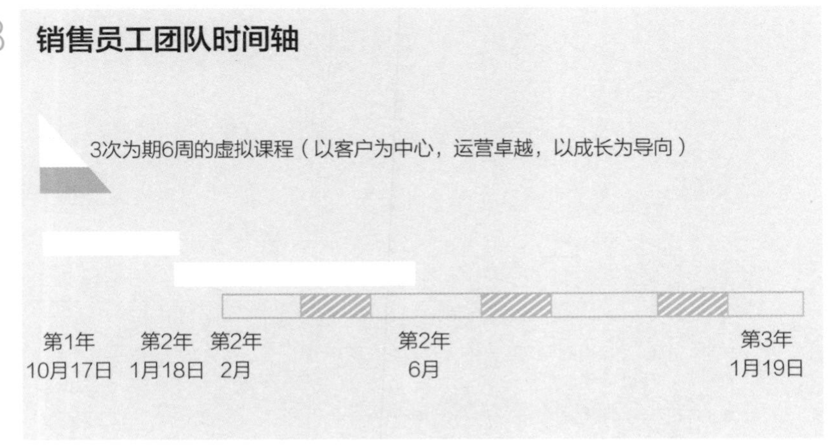

要留下的东西　我做的10张幻灯片中有两张不是为了演示，而是为了我要留下的纸质版本。在现场演示中，我有几秒钟的时间来吸引人们的注意力，帮助他们理解。我不能用很多需要解释的图表来展示密集的幻灯片。但是，如果观众是自己在看，不论是在屏幕上还是在纸上，稀疏的演示幻灯片可能不足以作为他们的指南。他们可以控制节奏，所以，我能在一个空间里添加更多的细节。

为此，演示文稿材料的“两秒钟”版本变成了纸上或个人屏幕上的“两分钟”版本。对于层级，幻灯片与演示系列相同，但合并在一个空间中。对于时间轴，我重新使用了显示整个时间轴的原始版本，并在下面添加了详细信息，再次将层级当成里程碑来使用。

关于“要留下的东西”幻灯片的最后一点说明：你在演示时，不要提前分发。如果这样做了，观众就会忽略你，快速浏览他们面前的材料，根据他们的个人解释提出问题。你甚至正在演示中回答他们的问题，但是他们不会注意，我们都这样。先别急，答应他们，演示结束后你会给他们提供详细的幻灯片。

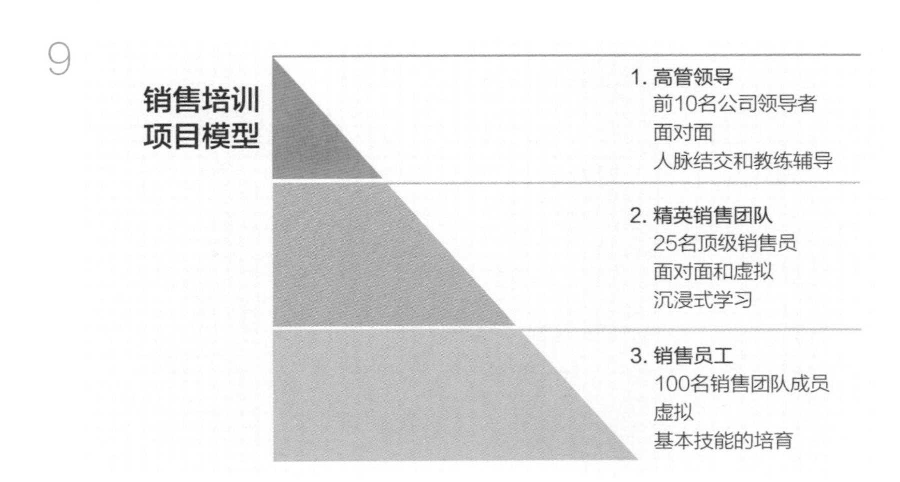

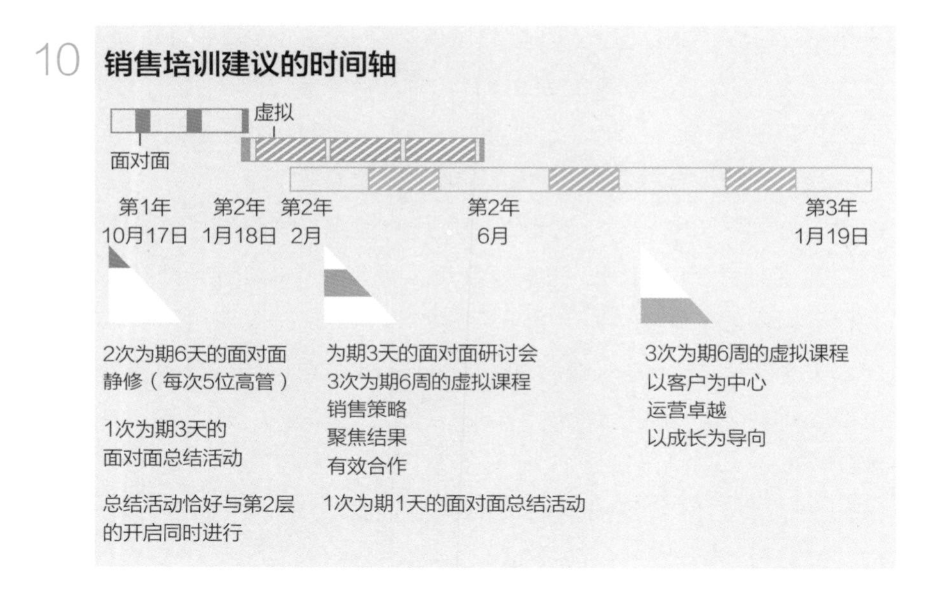

即使是现在，10张幻灯片这个数字也可能让一些读者感到不安。我们不是这样做演示的。但我强烈建议你尝试这种方法，你可能对它的效果感到惊讶。我进行数据可视化演示时，往往使用这些技术。演示结束后，我经常问观众，他们认为我在30分钟的演示中展示了多少张幻灯片。答案从20到70张不等。我的演示平均包含120多张幻灯片。我的原则很简单：我宁愿使用10张幻灯片，每张幻灯片播放10秒，也不愿只使用2张幻灯片，每张幻灯片需要5分钟才能播放完。当你把测量单位从一张幻灯片转移到一个想法上，当你用多张幻灯片来阐述一个观点时，人们不再考虑你要放多少页，因为他们完全投入其中。

我们的敏捷研发[1]协议

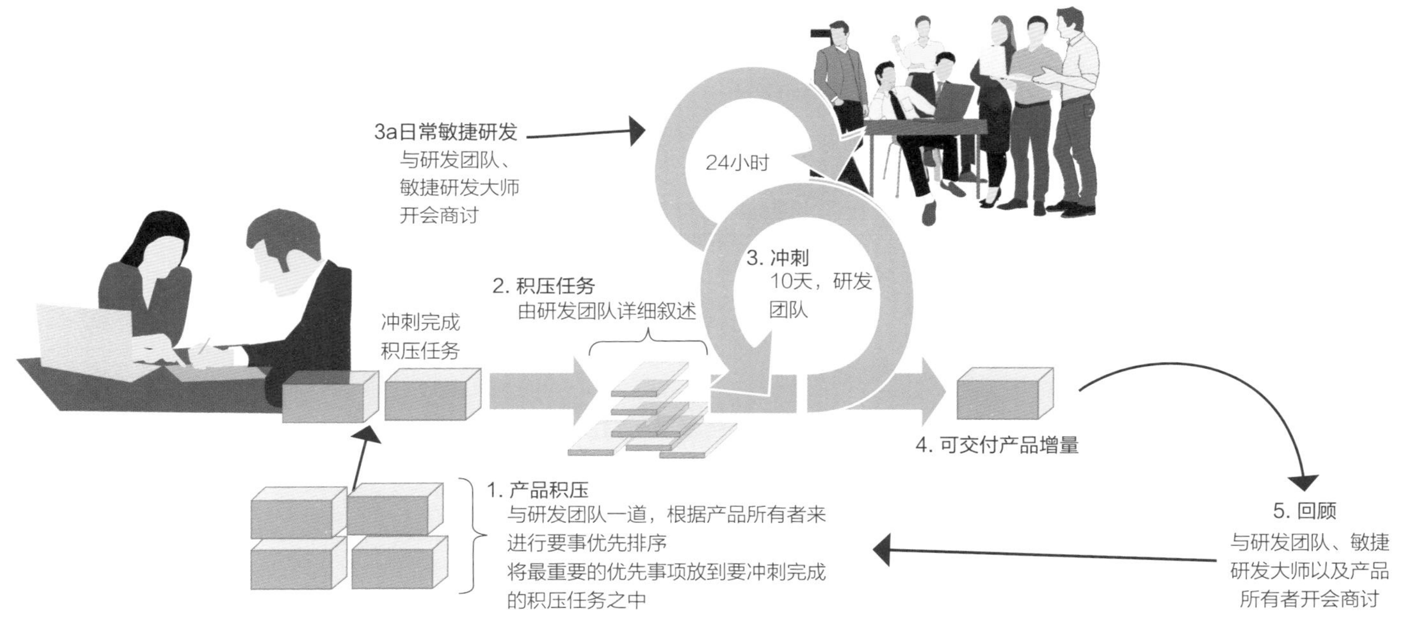
3a日常敏捷研发
与研发团队、
敏捷研发大师
开会商讨
24小时
3. 冲刺
10天，研发
团队
冲刺完成
积压任务
2. 积压任务
由研发团队详细叙述
4. 可交付产品增量
1. 产品积压
与研发团队一道，根据产品所有者来
进行要事优先排序
将最重要的优先事项放到要冲刺完成
的积压任务之中
5. 回顾
与研发团队、敏捷
研发大师以及产品
所有者开会商讨

资料来源：改编自来自维基共享资源的Marekventur自己的工作。

流程

敏捷研发流程究竟是如何工作的？高管们一定很想知道，因为互联网上到处都是试图解释这一流程的图表。虽然我已经把我

[1] 即斯克拉姆方法，一种敏捷软件开发方法，其特点是强调自组织的软件开发团队、开发人员与业务人员的协同和不超过一个月的迭代。——译者注

发现的几种这类图表综合到了一起，但大多数图表的结构，和你在这里看到的十分相似。它们具有用于演示的典型概念可视化图表的一些特征，比如剪贴画和大量花哨的箭头。但是，作为流程图，几类图表混合成为一体的图表还是缺乏明确性。多重隐喻（圆圈、方块）结合到一起，制造了一种困难的体验。让我们来做吧。

1. 敏捷研发流程最好的隐喻是什么？是时间轴、周期，还是逐步地推进？为什么？

2. 找到一个要删除的元素和两个要调整的元素，使得可视化图表更清晰。

3. 画出这个敏捷研发流程一个新版本的草图，以提高其清晰度，附加信息如下。

- 冲刺积压任务由高优先级的产品组成。
- 产品由任务（特性和修复）组成，这些任务的“大小”取决于完成这些任务所需的工作。
- 不完整的任务是在冲刺期间开发的。
- 可交付产品增量是完成的任务，集成到产品中。

讨论

我相信这是整本制作手册中最难的练习。即使在这个简化的敏捷研发视图中，也有很多事情正在发生，涉及不同的团队和时间框架，因此很难把所有事情都弄得一清二楚。在有的概念图中，隐喻用错，或者设计违背初衷，但一个好主意的核心是隐藏在混乱之中的。这里有多个问题需要解决，没有明显的解决方案。

1. 我选择了循环。该图包含所有三个隐喻。逐步的过程是编了号的流程。时间轴在循环的冲刺中是显式的，在整个从左到右的研发过程中则是隐式的。但是，这个循环覆盖了发展过程和时间轴，因为步骤构成了这个循环，而时间轴是循环的一部分。绿色的圆圈形的箭头看起来像循环，但它们不是我们关注的循环（我们甚至不确定为什么这些箭头会循环）；黑色箭头组成了循环。我们很难看出这一点，因为循环不是最突出的视觉元素。它的形状甚至不像一个圆圈。明确地说明你的主要隐喻是什么，然后确保它在你的概念中占主导地位，是一种很好的做法。

2.（1）删除剪贴画　这很容易办到。我很欣赏图表制作者试图做的事情：剪贴画暗示的是靠近它的那一步的活动。因为我们还不了解这个流程，所以试着用这种剪贴画来告诉我们，我们正在对看到的东西产生一种感觉，但是，剪贴画没有多大帮助。它使得复杂的图表变得不必要地繁杂。一个微妙的地方是：剪贴画是以不同比例粘贴的。这创造了一个景深，所以，后面那群人看起来更远。它也可以表明流程图有深度。如果将插图添加到平面图中，最好使它们具有相同的比例。

（2）调整标题　隐喻再一次被混淆了。我们看的是一个流程，而不是协议。更具体地讲，我们正在观看一个研发循环。在这里，使用通用的命名法（“我们如何敏捷研发？”）比使用错误的命名法要好。

（3）调整箭头　有些流程图需要许多箭头，而这些箭头可能必须弯曲、扭曲或移动很长的距离。没关系，我们只是想让它们尽可能地高效。这里的箭头有两个问题需要解决。首先，那些闭环的箭头必须合理。它们是什么意思？是必要的吗？为什么它们和其他箭头不同？我认为这是有原因的：我猜想，绿色箭头代表研发，而黑色箭头代表计划和开会商讨。尽管如此，我还是想考虑如何在不让一组箭头占主导地位的情况下做出这种区分。其次，我应该清理一下黑色箭头。它们是随意的，没有一个箭头是水平的，曲线的箭头也是异常的。

3. 我不觉得我把它做到位了。在我将要讨论的关键方面，我的可视化图表还有缺陷。我期待着看到你提交给 GoodChartsBook@gmail.com 的解决方案，我猜，其中的许多解决方案将得到显著改进。我之所以保留这个可视化图表，是为了展示正在进行的工作，并说明可视化的练习通常没有简单的解决方案。有时候，你不得不妥协或做出牺牲，或者重新思考你的目标：将一个复杂的系统可视化，而这个系统抗拒清晰的可视化处理。

我设法协调了嵌入到原始版本中的所有流程，而关键是将焦点放在两个独立的活动上：计划和研发。然后，我将整个周期简化为最简单的三步骤：计划和要事优先，冲刺，回顾。

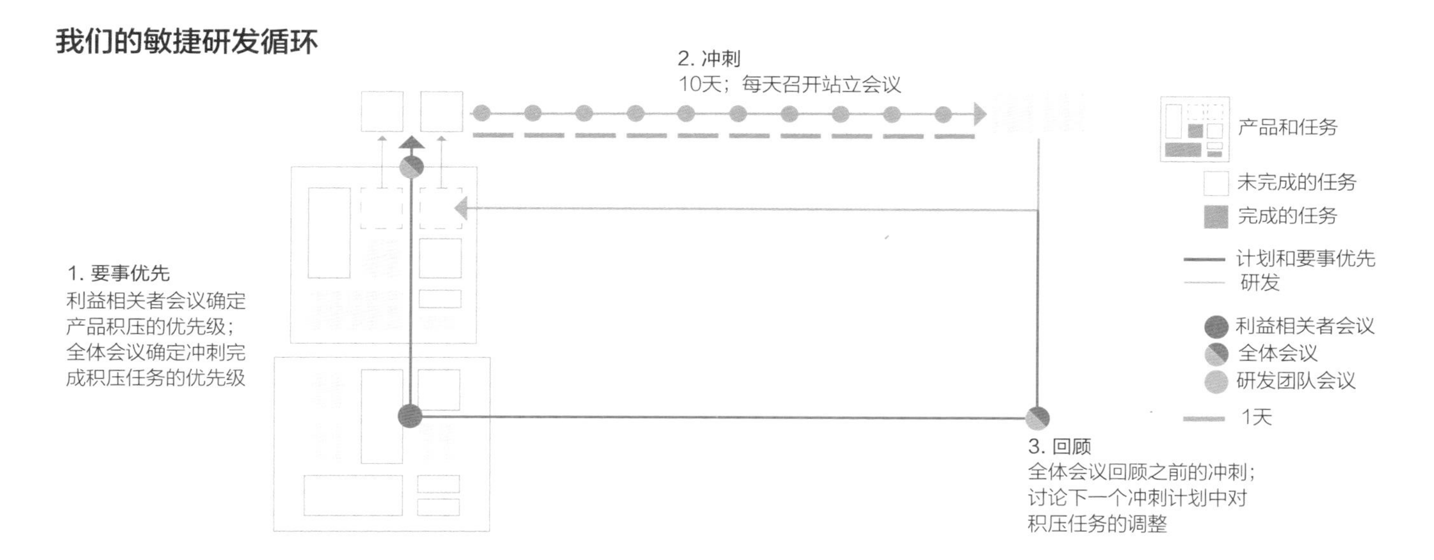

接下来，我不是尝试着创建整个可视化图表，而是分别处理了这个流程的三个部分。我从冲刺开始，它本身就是一个循环中的循环。未完成的任务进入；它们的研发时间为 10 天，每天都要开会讨论进展情况；于是，完成的任务从流程中出来了。这些完成的任务被集成到产品中，新的未完成任务则被排队等待研发。我在这里主要是为了想方设法表现时间轴和每天的站立会议。我在图中用方块来表现天数，这些方块看起来太像任务了。我的草图中充满了汇聚而来的创意和其他想法，但我最终选定了一条简单的虚线，我觉得，这条虚线就像一条传送带，把任务带到了终点。你会注意到，两个圆圈完全不见了。我对它们一直感到不满意，也不确定它们意味着什么。向后循环的 10 天的研发箭头与 24 小时循环（几乎同样大小，这很奇怪）是古怪的。我的感觉是，冲刺循环意味着完成一次冲刺、重新开始新的工作，并且重复下去。但你可能在原图中看到一片混乱，不清楚如何遵循各种路径。我什么时候结束循环，完成任务？

接下来，我着手处理优先级部分。在原图中，除了冲刺积压任务中的“片段”外，所有蓝色方块的相似性让我感到困惑。为了了解到底发生了什么，我必须做些研究，这反映在我提供的额外信息中。有了这些信息，我就能想出一个相当简单的方法来代表产品和任务。我决定让这部分垂直，以反映进入冲刺的高优先级事项。尽管如此，我并不满意流程的覆盖，也不满意返回到生产之中的已完成任务的清晰度。流程确定何时将这两个任务放入冲刺中，这是否足够清楚？把它们放回去，似乎是在时间上倒退，与冲刺背道而驰。再次，代表冲刺时间让我感到失败。

最后，我着手回顾，这是最简单的步骤，因为它只是一次重启流程的会议。我在想着回顾图中的点的时候，将会议商讨的点确定就是循环中的点。

我看到了很多我还没有做到位的地方。图例的大小和复杂性表明我处理了太多的变量（而且这会造成大量的视线移动）。循环中每个点的文本数量表明，可视化图表并没有很好地发挥作用。冲刺中的时间轴和流程箭头方向之间的紧张关系似乎仍然令人困惑。

这可能是因为这个流程对于一个图表来说太复杂了。当我只设计冲刺的视觉化图表或者积压任务的可视化图表时，我感到更舒服。但是，当我不得不把它们放在一起时，困难就来了。如果我想继续下去，可能会尝试制作一系列而不是一个图表。

制作好图

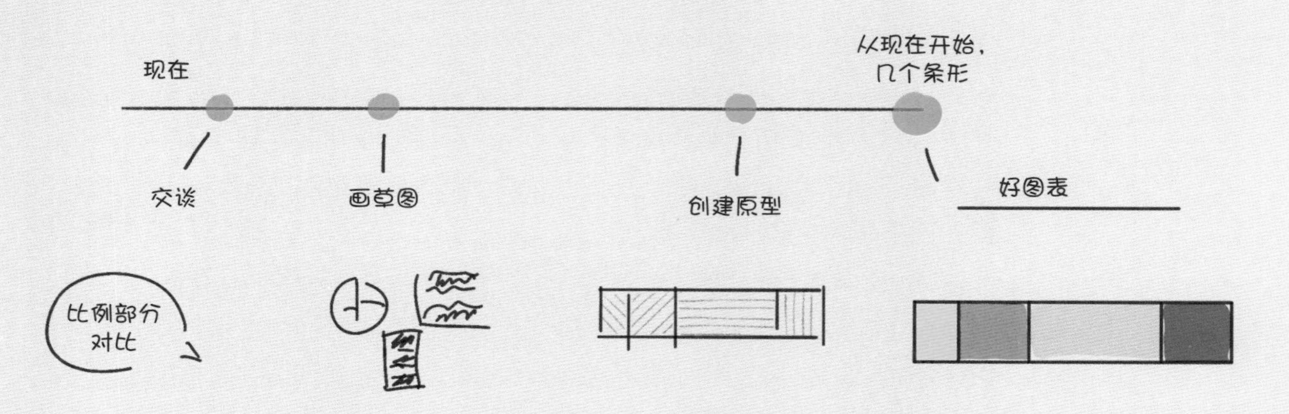

第 6 章

交谈，画草图，创建原型

Chapter 6

“有时候你想放弃吉他，你会讨厌吉他。但如果你坚持下去，
会得到回报的。”

——吉米·亨德里克斯（Jimi Hendrix）

当你学习弹吉他时，必须学习音阶、和弦、和弦变化、扫弦方法和指弹。你建立这些技能（和其他技能），以便把它们结合在一起时，就可以弹奏乐曲，并且最终用你掌握的知识来创作你自己的音乐。

如果你已经阅读了本书的“建立技能”的部分，那就已经进行了相当多的实践。现在，你将弹奏一些乐曲，并最终创作你自己的音乐。在制作图表时，“乐曲”就是已经完成的图表练习，你可以用它们来练习。“音乐”就是你自己的数据和想法，通过“创作音乐”的过程，你将它们变成优秀的图表。

在这些练习中，你将运用我们到目前为止掌握了的方法——配色、保持清晰、了解图表类型、提升说服力以及制作概念图表。现在，你可以把它们都综合起来。这些练习的目标是得出好的创意、优秀的草图或者优秀图表的纸质原型。确保你很好地设定了背景——知道你想说什么，要对谁说，在什么背景下说。然后，设计图表来有效地传递那些背景信息。这是我在最初的《好图表》一书中列出的框架。

第 1 步：交谈

把数据放在一边，找个朋友来交谈。通过交谈设定你的背景。首先说明你想展示什么。其他需要解决的问题包括：这个图表是给谁看的？你想让他们看到这个之后做什么？它将如何显示？如果你只能给他们看一件东西，会是什么？他们是已经了解了这一点，还是对此完全陌生？这是令人惊讶的还是肯定他们已经知道的？你需要说服他们吗？

任何帮助你确定需要显示的内容的问题，都是有益的。一定要让你的朋友问“为什么？”不断地问。哪怕是显而易见的东西，也要逼着你自己说出来，这样就会使隐藏的假设显露出来。如果你说，“我需要他们了解趋势”，你的朋友可能会问，“为什么？”你也许觉得答案太明显了，以至于这个问题提得很愚蠢。尽管这样，还是回答你的朋友。你也许发现自己这样回答：“如果他们了解了趋势，我们最终能让他们意识到潜在的风险。”——这就是一条很好的背景线索，说明了你真正想要实现的目标。

在此过程中，记住可视化的单词和短语，比如“巨大的缺口”或者“趋势线显示了一次大幅度下滑”。还要抓住可能描述你想采取的方法的短语。例如，如果你说：“我需要他们理解销量是季节性变化的，在一个可预测的周期中，销量从夏季开始下降。”那么，你就给自己提供了许多信息，包括从何处开始、使用哪些变量以及需要显示哪些内容。

这个步骤通常持续 15 分钟左右。如果交谈结束或者你觉得你已经在重复自己的话，你就会知道自己已经做好了继续前进的准备。

第 2 步：画草图

在你们交谈时，你要着手将可能的方法画成草图。动作快点，不要担心弄得一团糟，别管实际的值或标签，查看不同的图表类型和布局如何与你正在做的工作相协调。潦草地画一个条形图，想一下横轴和纵轴是什么。这个图不管用吗？那么散点图呢？这些点代表什么，能给它们着色吗？至少尝试两种不同的方法，这样只是为了使你的思维保持开放。你能讲故事吗？写下“开始”“冲突”“解决”，并且画出你可能在每个步骤中展示的内容的草图。或者，只是为故事的每一步发展而写下关键字。例如：开始——“显示收入”；冲突——“在线上标明下滑发生在什么地方”；解决——“显示下滑后的收入”。

关键是继续前进。你要富有创造力，快速地想出点子。在整个过程中不断地交谈，当新的点子和可视化词汇冒出时，把它们快速记下来。过不了多久，你就会知道你想去哪里了。当你发现自己专注于改进某个草图或者某个点子而不是想出新的点子时，你就知道你已经准备好继续前进了。这个步骤与交谈步骤重叠，通常持续10～30分钟，根据你做的事情的复杂程度而定。

第3步：创建原型

虽然画草图的过程是快速和开放的，但原型的创建要慢一些，也更慎重一些。第一个原型可以是纸质的：一张整洁的草图。现在，你应当使用更整洁的轴线，并且尝试近似地绘制实际的值。有目的地使用颜色。草图是生成的；原型是迭代的。对图表进行润色，直到它逐渐完善。如果你的数据是电子表格格式（如XLS或CSV），可以将其插入任意数量的可视化工具中，以创建数字化的原型。我经常使用Plot.ly来着手创建原型。如果你熟悉更先进的工具（如Tableau）或统计软件包（如R），也可以使用这些工具。关键是要测试配色方案、标签以及其他元素，确保它们在最终设计中能够发挥作用，并且保证你看到的东西呈现了你觉得当它们摆在你面前时应该具有的视觉效果。我发现，取决于我在交谈和画草图方面的表现，创建原型的时间可能有很大不同。当你达到目标时，创建原型的过程可能持续 20 分钟。但当原型揭示了你思维中的缺陷时，你可能要回到之前的交谈和画草图环节，然后再花 40 分钟或更长时间回到创建原型环节。你希望自己走完创建原型这一步时，对自己采用的方法充满信心，并且做好了制作最终的图表的准备。

在接下来的练习中，根据指示运用该过程。我将提供一些介绍上下文的对话。你可能必须在最佳的色彩效果与最大的说服力之间做出选择。或者，你可能认为自己找到了正确的图表类型，但它不清晰。你在处理任何艺术作品时应当秉持的一条伟大的洞见是：几乎不可能做到十全十美，你得进行权衡。你在这里牺牲一些，在那里就受益一些。抑或你决定投资某样东西的成本，虽然它可能很好，但不值得。这是非常典型的，而且没关系，就这样挺好。

第7章

月　　报

Chapter 7

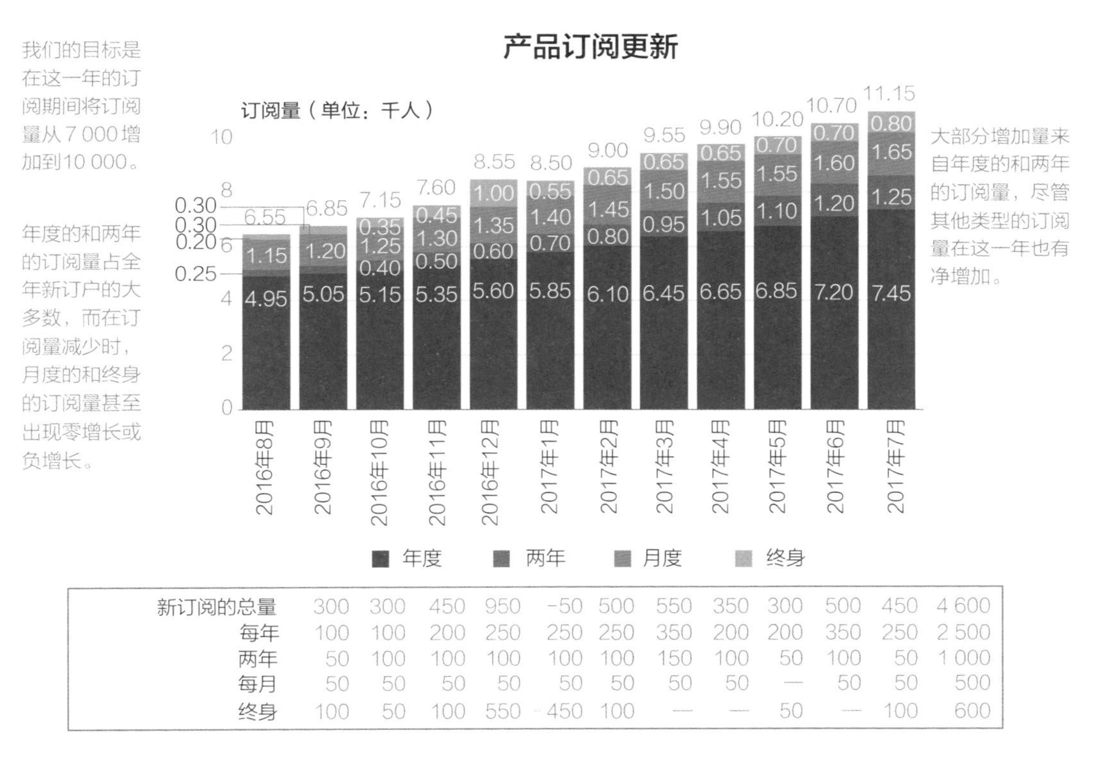

新订阅的总量	300	300	450	950	-50	500	550	350	300	500	450	4 600
每年	100	100	200	250	250	250	350	200	200	350	250	2 500
两年	50	100	100	100	100	100	150	100	50	100	50	1 000
每月	50	50	50	50	50	50	50	50	—	50	50	500
终身	100	50	100	550	-450	100	—	—	50	—	100	600

月报案例

这就是经典的数据堆积。一家播客应用软件公司的老板们想要看一看最新的订阅数据，所以，营销经理就制作了一张幻灯片来显示所有数据。这位营销经理需要每月向她的老板更新关于订阅的信息，而这就是她使用的幻灯片。该公司提供四种订阅方式，并设定了增长目标。除了按月计算的订阅总数外，经理的老板还喜欢查看每个月每种类型的订阅量增加了多少。最近，老板对这张图颇有怨言，说它让人困惑，让人讨厌。他说，甚至他自己在屏幕上看到这个图，也感到垂头丧气。营销经理想要重新制作这张图，以便在下个月给老板留下深刻印象。

为了改进它，我们将采用“交谈－画草图－创建原型”的框架。我和我的朋友（也就是那位营销经理）已经谈过了。回顾这次交谈，在上面做笔记，突出那些有助于你创建替代方案的可视化语言和线索。勾勒出你的解决方案的草图，直到你觉得掌握了一种改进方法，然后再创建你自己的月报版本的纸质原型。

“那么，你在努力做些什么呢？”

“我需要改进这张图表，因为我的老板觉得它令人困惑和沮丧。”

“怎么让人困惑？”

“他说他很难看懂它，并且发现会议室里的其他人也没有认真看图，只是在读图中的说明文字，然后就等着播放下一张幻灯片。”

“这张图为什么重要？”

“你在开玩笑吧？这是每月的更新数据。他们就是凭借这个图来了解我们的订阅情况。”

“你们做得怎么样呢？”

“还不错。我们已经超过了 1 万份订阅的目标。一年前，我们没有实现目标，比目标略低一点；现在，我们稍稍超过了目标。”

“你觉得为什么？”

“这是最好的部分——我们主要在我们想要增长的两个订阅类别上有所改进，即年度订阅和两年订阅。我的意思是，尽管其他类别的订阅也很重要，但我们真的想把关注重点放在年度的和两年的订阅之上，认为它们相对于另外两个订阅类别而言最重要，因为它们是最赚钱的。”

“其他的订阅类别是什么？”

“月度的和终身的。月度订阅很难做，因为每月都要和用户续签，所以用户流失更多。而终身订阅很好，因为只要他们订阅了，就成了你的永久客户。但他们可能取消订阅，而且，这肯定不是我们最赚钱的订阅类别。”

“是推广还是其他什么原因导致增长超出你的目标？”

“不。订阅量一直稳步增长，这很好。我们做了一次终身订阅的推广，看起来效果不错——订阅量激增。但是，许多人马上就取消了，因为他们没有看到订阅的价值，所以，这个类别的订阅量，下个月实际上下降了。”

“这似乎是应当显示出来的一个重要因素。”

“并非真的如此。老板们了解营销活动的灾难。我们学到了很多，但我更愿意专注于我们想要增长的领域的稳步增长。”

“为什么不直接展示出来呢？抛开其他的一切？”

“我不能这样做！他们还需要其他信息。”

“什么其他信息？”

“他们需要看到订阅的组合以及组合变化的趋势。一次在一个地方，看到所有的类别堆积在一起。”

“为什么？”

“为什么？这是每月的更新。他们想要看到更新，而不仅仅是我想给他们看的好消息。我可以强调稳定的增长，但老板们想要所有的数据。”

“相对于订阅总量，他们是不是更想看到每种订阅类型的订阅量？哪个更重要？”

“都很重要。他们想了解一切。”

“但如果你不得不选择，你选择哪一个？”

“我不能选择！他们需要知道一切，总数。我们在对照目标方面做了些什么。每种订阅类型的情况。我的老板真的很有兴趣查看月度订阅的明细。”

“为什么？”

“嗯，只显示总数是一回事，但人们也会取消订阅。所以，净增加量很重要。如果有 100 人取消订阅，但有 150 人订阅，这就意味着订阅量净增加了 50 人。这就是我把大表格放在那里的原因。大表格中记录了每一个数据点，因此，老板知道，如果任何订阅类别的订阅量净增加为负值，将发出一个警告。”

“那么，这是最重要的事情了吗？”

“对他来说也许是的，但会议室里不是只有他一个人。这都重要。你为什么老逼我说什么是最重要的？”

“我看了看你的图表，觉得它想做的事情太多了。我不知道什么是最重要的。你让一切都变得重要，让我看不出我应该专注的任何事情。我甚至根本看不到目标。”

“我们的目标并不在电子表格中，所以从来没有想过把它作为图表的一部分。我只是把它放在说明文字里。但我们或许应该展示我们的目标。我知道你说的做这些不同的事情是什么意思；但就像我说的，我得显示很多内容。我想我可以一个接一个地展示数据的每一部分。我只是还不知道怎么做。”

“他们需要知道每个月的具体数值吗？”

“我想他们喜欢有具体数值在上面。”

“为什么？”

“这对他们来说似乎是件好事。我的意思是，他们真的十分关心趋势，比别的什么都更加关心。他们就是这样思考的——看趋势怎样变化。”

“也许这让人困惑，你可以之后给他们一张表格，然后只关注趋势线？”

“是的，也许吧。从没想过这样。”

“好的。我唯一不明白的就是那张表。对于一次演示来讲，它包含了太多信息。我只是想知道是不是有一种直观的方法可以做到这一点。”

“我想过这个。我试着把它对齐，使得每个月的数据都在条形图中月度的标签下面，以建立这种联系。”

“之前我完全没有理解到那一点。但现在我明白了。”

“哦。那不好。我认为他所做的是观察我们每个月在年度和两年的订阅中增加了多少，以及我们在其他类别的订阅中增加了多少，并将它们进行比较。他想要确保年度的和两年的订阅量都有健康的增长。你可以在这份报告的后半部分看到，这真的开始发生了。”

“如果你不告诉我这些，我真的无法理解。”

“好的，所以我也需要展示得更好。”

“是的，我想都在这里了，但是让我们开始勾勒一些想法的草图，这些想法涉及如何在一次显示一件东西的同时展示所有东西，以便不把它们全都混在一起。我想象着要努力在屏幕上看这个，然后在演示中理解这种想法。我很难看到你指出的一些趋势。我能看到的是整体订阅量的稳定增长，但我很难看到它的来源是哪里，而那些细分类别上挤满了小标签。”

“是啊，我们来画个草图试试。”

讨论

在这个场景中，我将不标记对话，而是随着流程每个部分的逐步展开而呈现我的笔记。第一组笔记代表了我在交谈中写下的内容。记住，交谈和画草图通常是重叠的，即使我把它们按顺序呈现了出来。还请注意的是，有些画草图的时间是用来标记原始图表的观点和评论。我经常这样做，将其作为一种批评可视化的形式，并且将交谈中的想法与现有图表联系起来。我在图中寻找这样一些地方：一是那些交谈的内容应当显示出来的地方，二是我没有发现我们交谈的内容的地方。在讨论过程中，请注意以下这些方面。

1. 从对话中抓住关键词、短语和观点的过程　有时我用下划线来强调，或者记下一个短语出现的次数，以此来告诉自己它很重要。你还将看到一些关键词附近有些快速勾勒的草图和许多问号，我用它们来表示这是我还有疑问的地方，或者提示自己还要进一步探索。

2. 我的草图十分凌乱　我是故意这样粗心对待的，要知道，我只是在寻找一个大致的方向。虽然用了一些颜色，但尽量把它限制在必要的范围内，这样就不用占用我画草图的时间来选择颜色了。我只是想做一些区分，以便日后在创建原型的过程中重点关注某些部分。有时我会在草图附近重复关键词，以提醒自己，我们交谈的内容和我们想要展示的内容之间有怎样的联系。我还会在我喜欢的东西旁边加上星号，在我不喜欢的想法旁边加上其他东西，以表明我已经把它们排除在外了。

3. 原型的相对整洁性　这绝不完美，但我正在更加谨慎地对待，并且更加深入地思考页面上的颜色、标签和排列。

4. 原型和最终图表之间的变化　第一个原型指导最终图表的制作，但我仍然在调整布局和颜色的决定，就像我看到它们在最终的图表中展开那样。

交谈

这些笔记显示了这段对话有多少是可视化的。单词和短语突然出现：稳步增长、叠加、超过目标等，最明显的是出现了四五次的不同形式的趋势线。这尤其具有指导意义，因为在原始图表中找不到趋势线。我注意到，对照目标来观察业绩似乎十分重要，但目标并不是视觉元素；正如我的朋友承认的那样，它被隐藏在说明文字中。我对这个表格很感兴趣，因为我朋友能够准确地向我解释，她认为她的老板是如何使用这个表格的，这就引出了几个使得这一关键信息更有用、更直观的方法。她解释说本想通过横坐标的日期让表格连接到条形图，这让我感到吃惊，因为条形图的图例完全断开了这种连接。既然这个表格如此重要，我觉得它还可以改进；我已经在考虑如何将其视觉化了。我也开始在原来的标签上标注一些明显的设计缺陷，比如横轴标签和条形剖面标签。

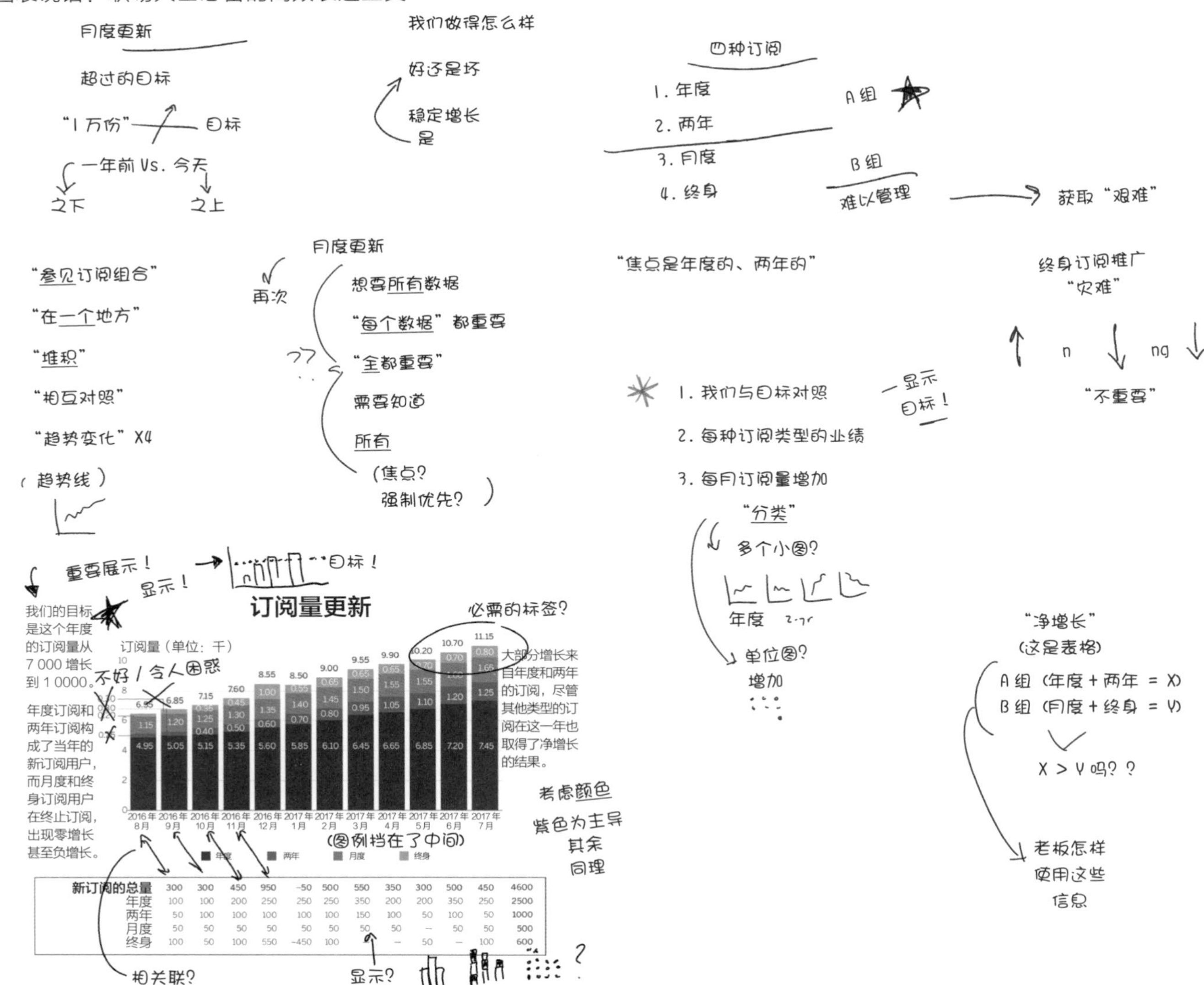

新订阅的总量	300	300	450	950	-50	500	550	350	300	500	450	4600
年度	100	100	200	250	250	250	350	200	200	350	250	2500
两年	50	100	100	100	100	100	150	100	50	100	50	1000
月度	50	50	50	50	50	50	50	50	—	50	50	500
终身	100	50	100	550	-450	100	[illegible]	—	50	—	100	600

我的朋友对我不断地追问“什么是最重要的”感到沮丧，而我对她不停地告诉我“一切都重要”也备感失败。这在这样的交谈中很典型。我们有一种倾向，喜欢把所有的东西都留在图表之中，既为了展示我们的工作，也因为我们真的相信一切都很重要。挑战自己，把信息按优先顺序排列，并且拿出勇气简化。如果显示全部的信息之后图表变得无法使用，那么，这样做就不会是一个优势。后来，我们终于打破了僵局，共同确定了要利用一个图表和一个表格来传递三个想法。我们意识到，所有的事情都可以同等重要，只是不需要把它们全都放在一个空间里。所以，我们开始思考我的笔记中红星标记的三个想法。

画草图

画草图的过程按顺序触及了这三个想法。首先，我们希望对照目标来看趋势线，所以我们画出了目标和趋势线的草图，然后看了看结果：简单，它明确地显示了事情的现状和公司目标之间的对比。我有信心认为这是一条正确的道路，但我们也匆匆记下了其他一些想法。我的朋友建议，在现有的条形中添加一条目标趋势线，因为这很容易。我不介意在紧要关头这么做，但是我想，这可能将人们的注意力吸引到条形的各个部分之上，而不是吸引到对照目标的总的条形上。我还想看看每个月显示结果与目标之间的距离会不会有帮助。这将创建一个带有几个浮动条形的棒棒糖图。每个月的业绩点和目标点之间的距离，对于公司每个月离目标有多远具有指导意义。我认为，在某些情况下，这是一种有效的方法，但在这里，它将重点转移到了个别月份的比较上，而不是看趋势——这个词出现得十分频繁。所以，我们否决了它，给第一种简单的方法加了星号，并且继续前进。

我们的第二个想法是将每种订阅类型与其他订阅类型进行对比。原图是这样做的，但我们谈到过的那两组（年度订阅和两年订阅是一组，月度订阅和终身订阅是另一组）的概念并没有出现，主要是因为颜色。在原图中，我看到了“紫色”和“其他”，所以我们花了一些时间来考虑如何对这些条形图着色，使之更有效。但我渴望远离条形图，条形图鼓励对比，它们邀请我们比较十月和十一月的情况、三月和四月的情况，诸如此类。我们要看的却是趋势！我们不断回顾趋势。如果我们用折线图表示第一个想法，为什么不用它来表现第二个想法呢？这几乎就像第一个图表中对总体趋势的细分，而细分正是我们在交谈中使用的词。短语“叠加起来”也不断出现，所以我草草地画了一个叠加区域图，只是为了想清楚它是如何运转的。如果我们选对了颜色，它也许就会管用，这是关键。我们希望比较两组（每组两个），而不是四种不同的订阅选项。所以我们用了一个蓝色和橙色的配色方案，即使在我们画草图的时候，我们也有信心它会成功，所以我们继续。

第三个想法是显示净增长，一开始并不容易做到。我们认为可以重新使用叠加条形图，因为单个月份比数据中的趋势线更重要。记住，营销经理的老板喜欢看每个月的业绩，想要比较两个组的业绩。起初我们只是盯着看了几分钟。在我的笔记中，我把她的老板的意图表述为一个简单的不等式问题：$x > y$ 吗？我们知道我们需要展示 x 和 y 的情况，并且能够比较它们。我们并没有其他的

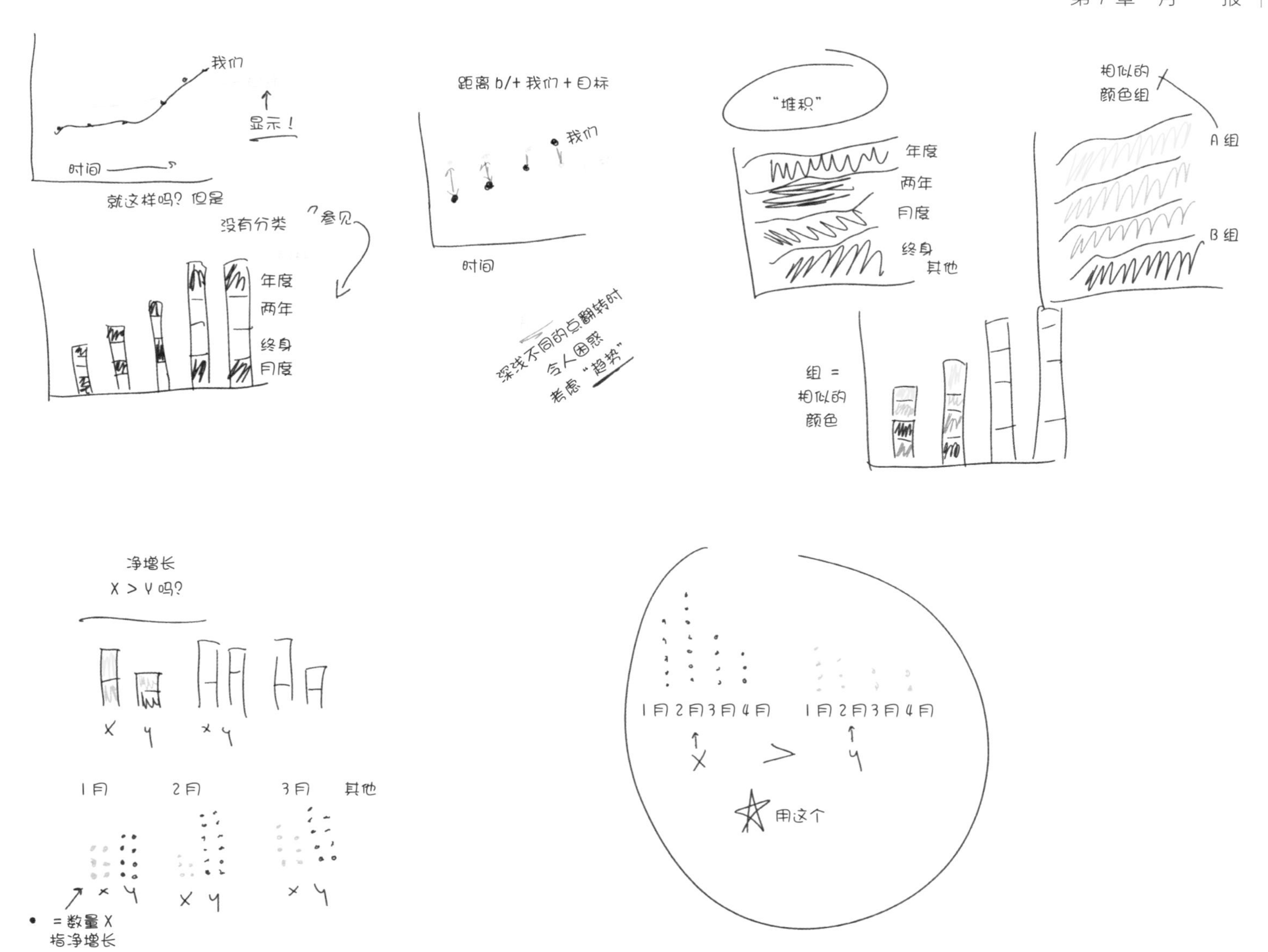
我们
显示！
时间
就这样吗？但是
没有分类
参见
年度
两年
终身
月度
距离 b/+ 我们 + 目标
我们
时间
深浅不同的点翻转时
令人困惑
考虑"趋势"
"堆积"
年度
两年
月度
终身
其他
相似的
颜色组
A组
B组
组 =
相似的
颜色
净增长
X > Y 吗？
X Y X Y
1月 2月 3月 其他
X Y X Y X Y
• = 数量 X
指净增长
1月 2月 3月 4月 1月 2月 3月 4月
X > Y
用这个

想法来考虑对这两个组进行并排的比较。在安静下来的时候，我们又回头探讨笔记。我们脑海中并没有突然冒出什么想法，感到被困住了。通常，如果我处理的数字不大或者不复杂，我喜欢至少尝试制作一个单位图。单位图将值分配给单个的标记，使数字看起来更具体。在这里，一个点可能等于一些新的订阅。于是我开始在纸上画点，首先画一种颜色的点，然后再画另一种颜色的点，以作为对比。如果每个点等于 100 份订阅呢？我们一致认为这是值得追求的，并且很快画了更多草图，喜欢让那些点看起来既像条形图又像单位图的感觉。接下来，我试着把相邻的两个组组合起来，x 在一组中，y 在另一组中。$x > y$ 吗？是的，我们准备好了原型。

创建原型

这里的纸质原型（是的，它是一个数字文件，但却是一个整洁的草图，而且是手工创建的，就像纸质原型一样）很快就做好了。我们整理了轴线，算出了近似的实际值。颜色是有目的和一致的（两组相对的颜色，以便看图者仍然可以看到所有四个变量，但把它们看作是两个组）。在单位图上，考虑到原横轴的所有那些重复，我决定使用图表中常见的标签：也就是说，只用每个月的第一个字母。我决定，如果将这些单位图和其他的图放在一起，就适用；但我心里暗暗记住了，假如这些图隔开的话，采用较长的缩写可能更好。原型证明，我们偶然发现的一些东西，确实可以提高清晰度，但并没有牺牲原图中的太多信息。紧随这个原型之后的是几个数字原型（为了节省空间，这里没有画出来，因为它们只融入了一些细微的调整）被转换为 SVG 文件，并且被润色为我们的最终产品：对老板来讲，新的月度更新将更容易理解和更为有用。

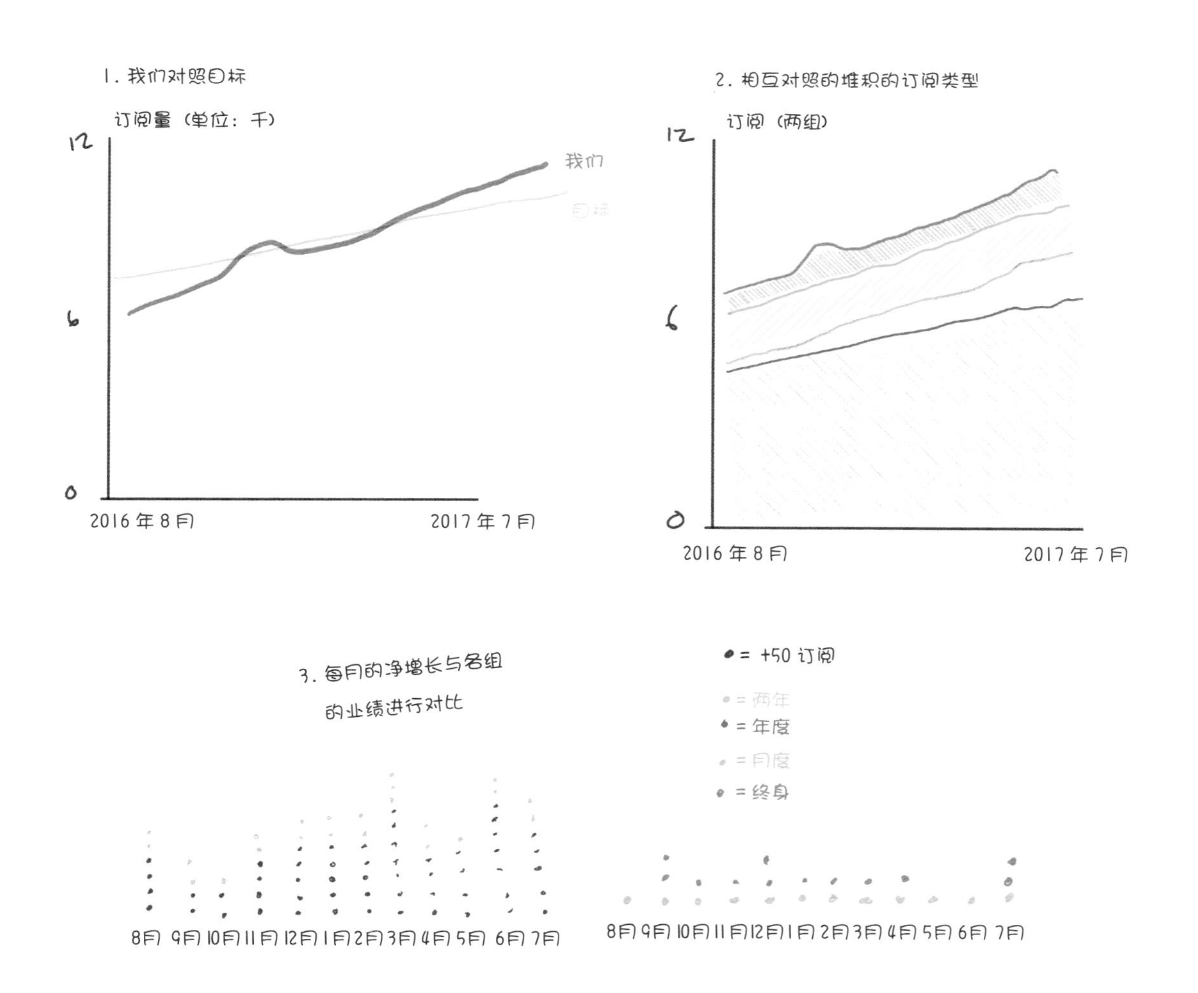

订阅量：2016年8月至2017年7月

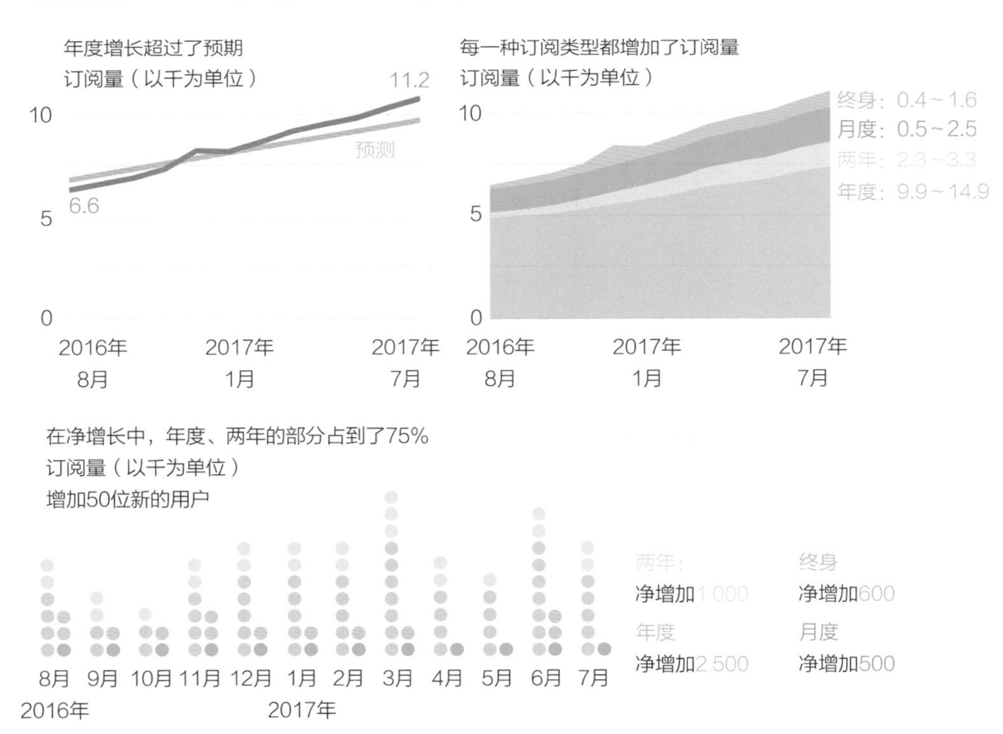
年度增长超过了预期
订阅量（以千为单位）
11.2
10
预测
6.6
5
0
2016年
8月
2017年
1月
2017年
7月
每一种订阅类型都增加了订阅量
订阅量（以千为单位）
10
终身：0.4~1.6
月度：0.5~2.5
两年：2.3~3.3
年度：9.9~14.9
5
0
2016年
8月
2017年
1月
2017年
7月
在净增长中，年度、两年的部分占到了75%
订阅量（以千为单位）
增加50位新的用户
8月 9月 10月 11月 12月 1月 2月 3月 4月 5月 6月 7月
2016年
2017年
两年：
净增加1 000
终身
净增加600
年度
净增加2 500
月度
净增加500

好图表

这里清晰地执行了上述三个想法，所以，我们很难想象人们会感到困惑，或者不关注月度更新。我可以把它们想象成演示场景中每一张幻灯片。颜色的持续使用训练了看图者，他们知道了绿色代表什么，橙色代表什么，无论这些色彩在演示中的什么地方出现。我们从蓝色转换成了绿色，而且，回过头看，我们不确定这是不是最好的选择，橙色似乎主导了绿色。我们讨论过这一点，但没时间回去调整。我们现在可以这么做。还要注意，单位图也发生了变化：我们转而比较每个月的净增长的订阅量，而不是从原型中比较一整年的订阅量。当我们接近尾声时，我的朋友说，她的老板喜欢每个月都进行这样的比较——事实上，她在交谈中也这么说过。因此我们做出了改变。事实上，我们尝试了三种方法。这里是另外两种，请进行对比。

我可以根据背景对这三种方法中的任何一种进行论证，但我很高兴坚持使用了我们最终选择的逐月比较方法。

在这里我列出整个过程，应当有助于你理解想法的进展情况以及为什么交谈至关重要。在整个过程中，我们不断地回顾这些关键字和想法，以便根据它们选择试用的图表类型、组织信息的方式，甚至对最终图表进行的调整。交谈就像一口井，我们要不停地回头去抽出井中的水；不管我们是被困住了还是向前飞跃，交谈都在助推我们前行。从几句话和几笔涂鸦开始，你会发现，你已经比你自己想象的更加接近制作出好的图表了。

订阅量（以千为单位）

● 增加50位新的用户

8月 9月 10月 11月 12月 1月 2月 3月 4月 5月 6月 7月
2016年 2017年

8月 9月 10月 11月 12月 1月 2月 3月 4月 5月 6月 7月
2016年 2017年

两年：
净增加1 000
年度
净增加2 500

终身
净增加600
月度
净增加500

第8章

塑料污染问题的数据演示

Chapter 8

塑料污染问题的数据

这个练习结合了本书阐述过的几乎所有技能，特别是选择图表类型、制作清晰的图表和练习说服。科学和研究产生大量的数据，而这个特定的数据集，来自珍妮弗·赖维斯（Jennifer Lavers）和亚历山大·邦德（Alexander Bond）发表在《美国国家科学院院刊》上的一篇重要论文，包含了一些关于你能找得到的塑料垃圾的最吸引眼球的数据。(我在这里展示的数据是报告数据的简化版本。为了使这个练习易于掌控，我将其中的数值四舍五入并排除了误差。此外，我还没有把塑料碎片的一些其他类别包含在内；包括它们的大小和位置。对于那些对这一话题感兴趣的人，我建议阅读全文和它在媒体上的广泛报道。)

在为杂志报告数据时，作者们的工作不在于说服我们任何事情，除了他们研究成果的真实性。你面临的挑战是如何在向外行的看图者展示案例的同时尊重他们的科学。你能在多大程度上推动学术研究的“流行疗法”？有哪些可视化方法可以让人们感觉到问题的范围和我们在这里讨论的塑料垃圾的量？

场景：你需要做一份演示，让非科学家的观众相信，解决南太平洋的塑料垃圾问题将至关重要。利用本研究中收集的数据，将一系列可视化的图表组合在一起，来讲述塑料问题的故事。使用“交谈–画草图–创建原型”框架。研究数据，然后和朋友谈谈你可能会如何展示某些研究成果。记住你发现自己大声说出来的可视化的词汇和想法。用数据可视化的可能方法画出草图。考虑如何在演示中安排你的图表，以便最大限度地影响不熟悉这些事情的人。

亨德森岛 2015 塑料垃圾

		北部海滩	东部海滩	
密度（件 / 平方米）	表面	30	239	
	掩埋（深 10 厘米）	209	2 573	
数目（总件数）	表面	800 000	3 100 000	
	掩埋（深 10 厘米）	6 900 000	27 000 000	
	总数	7 700 000	30 100 000	37 800 000
质量（千克）	表面	3 000	12 600	
	掩埋（深 10 厘米）	97	1 100	
	总数	3 097	13 700	16 797

取样的塑料垃圾，1991 年相对于 2015 年

	迪西 & 奥埃诺环状珊瑚岛，1991 年（平均）	亨德森岛，2015 年
一次性物品		
盖子	75	486
塑料瓶	66	115
塑料袋 / 片		60
钢笔套	3	10
吸管		10
塑料剃须刀		4
打火机	4	3
牙刷		2
塑料餐具		2
总计	148	692
与钓鱼相关的		
绳索	48	3 336
捆扎带	8	642
板条箱 / 片	7	245
鱼线		220
网子		207
浮标	123	50
铲斗	3	25
荧光棒		16
总计	189	4 741
其他		
碎片	287	48 121
塑料粒子		6 774
围栏材料		121
熔化的塑料		43
管子	28	27
瓷砖垫片		3
总计	315	55 089
取样的碎片总数	652	60 522

讨论

我喜欢这个练习。它十分开放，适用于任何数量的解释和图表类型。这些数字是戏剧性的，我们有大量的机会来运用引人注目的讲故事技巧。我处理这个练习的方法很可能与你的截然不同。在这个练习中隐含着一条重要的数据可视化的经验：在大多数情况下，不存在正确的答案，也不存在正确的图表。大多数好的答案都需要权衡利弊。通常我们优中选优，但不管怎么选择，每个被选择的图表都有利也有弊。例如，正如你将在我的解决方案中看到的那样，我牺牲了数据表现的精确性来获得总体的感觉。这有助于使叙述变得极富吸引力，但我无法清楚地表达实际的值。你可能很容易地走另一条路，也就是牺牲这个故事来全面而有序地排列表格中介绍的所有值。这两种方法，没有哪种是“正确的”。要承认你所采取的方法总是有优点和缺点，并进行权衡。不要一心想着找到正确的图表，而要集中精力找出好的图表。

我是这么来处理这个练习的。

交谈

在大约花了 20 分钟研究这些数据之后，我和一个朋友交谈了约 15 分钟。她立刻注意到，我使用了一些负面的词汇，如“恐怖的”“不可想象的”“恶心的”和“可怕的”。尽管我觉得答案似乎很明显，我的朋友还是追问我这个问题，问我为什么它的情况如此糟糕。这是个好问题，迫使我大声解释自己的想法：所有这些垃圾都是过去 25 年里积累起来的，它们并不是一开始就在那里。这使得我开始考虑讲一个故事，将其中的前因后果都讲述出来。

剩下的大部分交谈都集中在垃圾的分布上。像散落的、掩埋的、堆积的这些词被用来描述我需要展示的东西。我的朋友问我，有些塑料被掩埋了，有些没有，这对我来说是否重要。我说是的。她问为什么。我没有给她一个好的答案，但我确信我想把这两个答案都展示出来。她又问不同类型的塑料是否重要。“我想是的”，我说。我对研究人员发现的塑料类型很感兴趣，但我也感到有些漠不关心。我只知道我想以某种方式，聚焦于之前和现在，岛上发现的塑料数量的原始数据。

另一个不断出现的主题是北部海滩和东部海滩的区别。东部海滩的情况更糟。“更糟的原因很重要吗？”我的朋友问。“不，”我说，“但我觉得把它们分开展示很有趣。这可能会增加戏剧效果，首先展示北部海滩，这很糟糕，然后是东部海滩，这简直无法想象。”

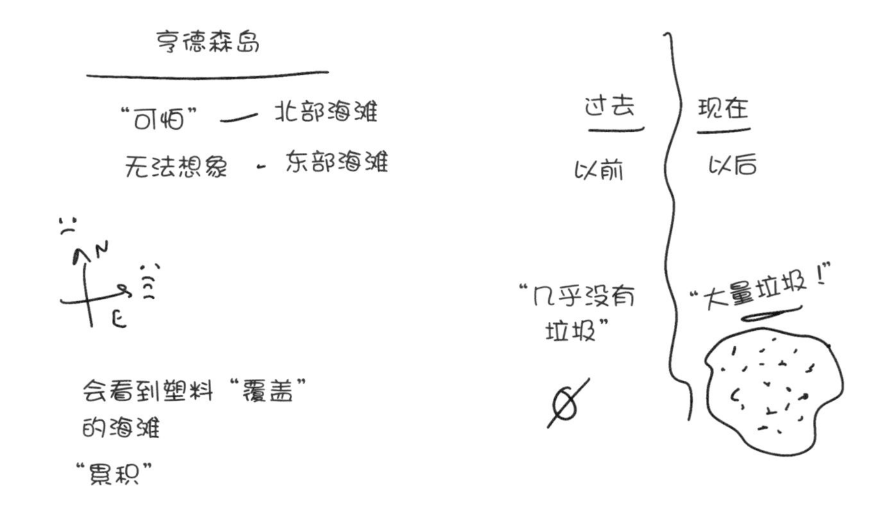

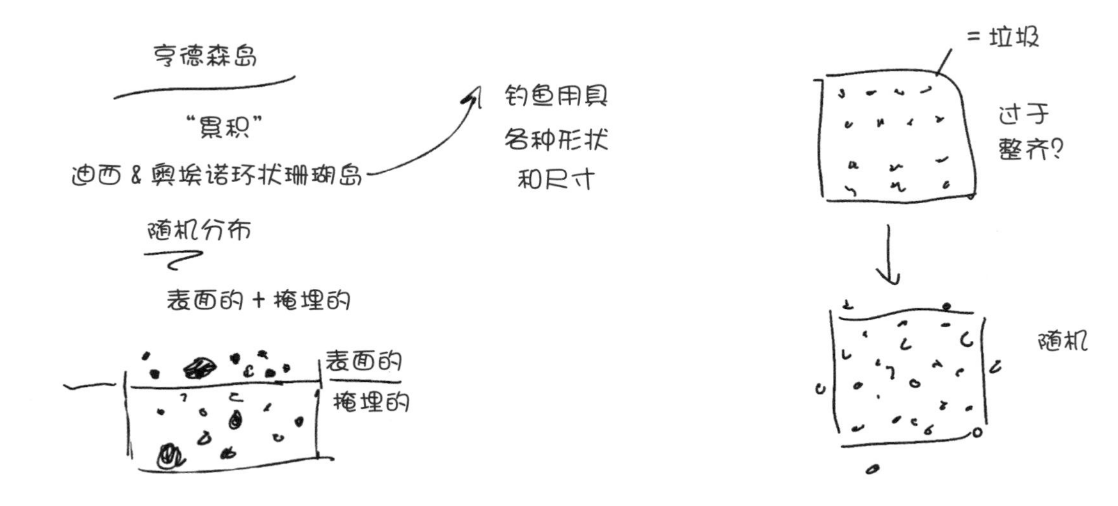
亨德森岛
"累积"
迪西 & 奥埃诺环状珊瑚岛
钓鱼用具
各种形状
和尺寸
随机分布
表面的 + 掩埋的
表面的
掩埋的
= 垃圾
过于
整齐?
随机

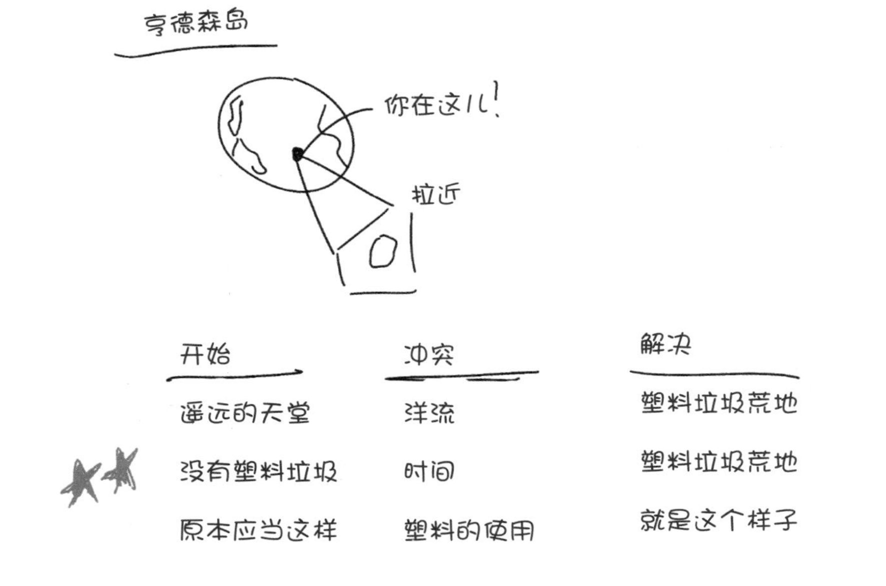
亨德森岛
你在这儿!
拉近
开始
遥远的天堂
没有塑料垃圾
原本应当这样
冲突
洋流
时间
塑料的使用
解决
塑料垃圾荒地
塑料垃圾荒地
就是这个样子

画草图

即使是在交谈的时候，我也在考虑用一片沙滩作为我的主要可视化方法，通过现实世界中的方向来确定图表中水的方向。我早期的努力主要聚焦于采用可视化形式重新报告数据。大多数结果都是以每平方米的垃圾件数来报告，所以，我就是从这里开始的。我也立即尝试在这个空间中组合尽可能多的变量。我想我可以把点画在沙滩上，以代表塑料制品，然后用颜色和大小代表其他变量，比如塑料的类型。

这个时候，我还不知道真实的数据在空间里会是什么样子，我对自己说，随机地放置这些点，比有序地分布要好。我甚至不确定我如何做到这一点。尽管如此，我还是继续前进。在画草图时，我强迫自己不做太多修改。我想方设法从这个过程中获得大量点子。为了测试我的直觉，我很快为一组更有序的点画出了条形图的草图，以显示塑料类型的分类，但我觉得这并不可行，因为 1991 年和 2015 年的塑料垃圾的总量的差别太大了，大到前者只需绘制几个点，后者要绘制几千个点。

数字上的差异也让我考虑扩大我的视觉空间。我想制作一条更能展现海滩的沙带。1 平方米就很好了，但我认为，人们在与更大的空间联系起来时，往往能更好地联想，当然，这意味着要画出更多的塑料碎片。我测试了 9 平方米甚至 81 平方米的空间。我还决定，在这个时候，为了帮助人们与空间建立联系，我需要一些尺寸参考点，比如一个人。

我喜欢这样，但我意识到，我是在给自己增加工作。数据以每平方米多少件塑料垃圾来表示。现在，我要将这个数据加倍。为了制作好图表，我经常发现自己在调整数据的基本单位，或者在其他方面处理手头的数据。当然，我得考虑我有多少时间，但我通常发现，将数据以更容易理解的形式呈现，是值得的。

此刻我也开始思考掩埋的塑料的问题，我还记得我对自己要怎样展示三维立体的物品时摇头的情景。我拥有一些设计的技能，但不确定自己能不能做到。我决定将这一步推迟到开始创建原型的时候。如果不能在原型中完成它，我会回到画草图。

为了按类型来对塑料垃圾分类，我真的想画一个树形图。一个正方形将与我想在分布图中显示的海滩空间的正方形相呼应，并且允许数据中的层次结构：一个方框可以表示“与钓鱼有关的”塑料，在其中，我可以把“渔网”“绳索”等归入这个类别。我首先勾画了这种使用圆圈中的圆圈的变体，并且，作为备选方案，我在另一次尝试中打开了这些圆圈（这是一种简单得多的处理方法），以防树形图不起作用。在每一种情况下，我都在思考了之前和之后的情况，两次使用同一种形式：一次针对 1991 年，一次针对 2015 年，以显示戏剧性的变化。

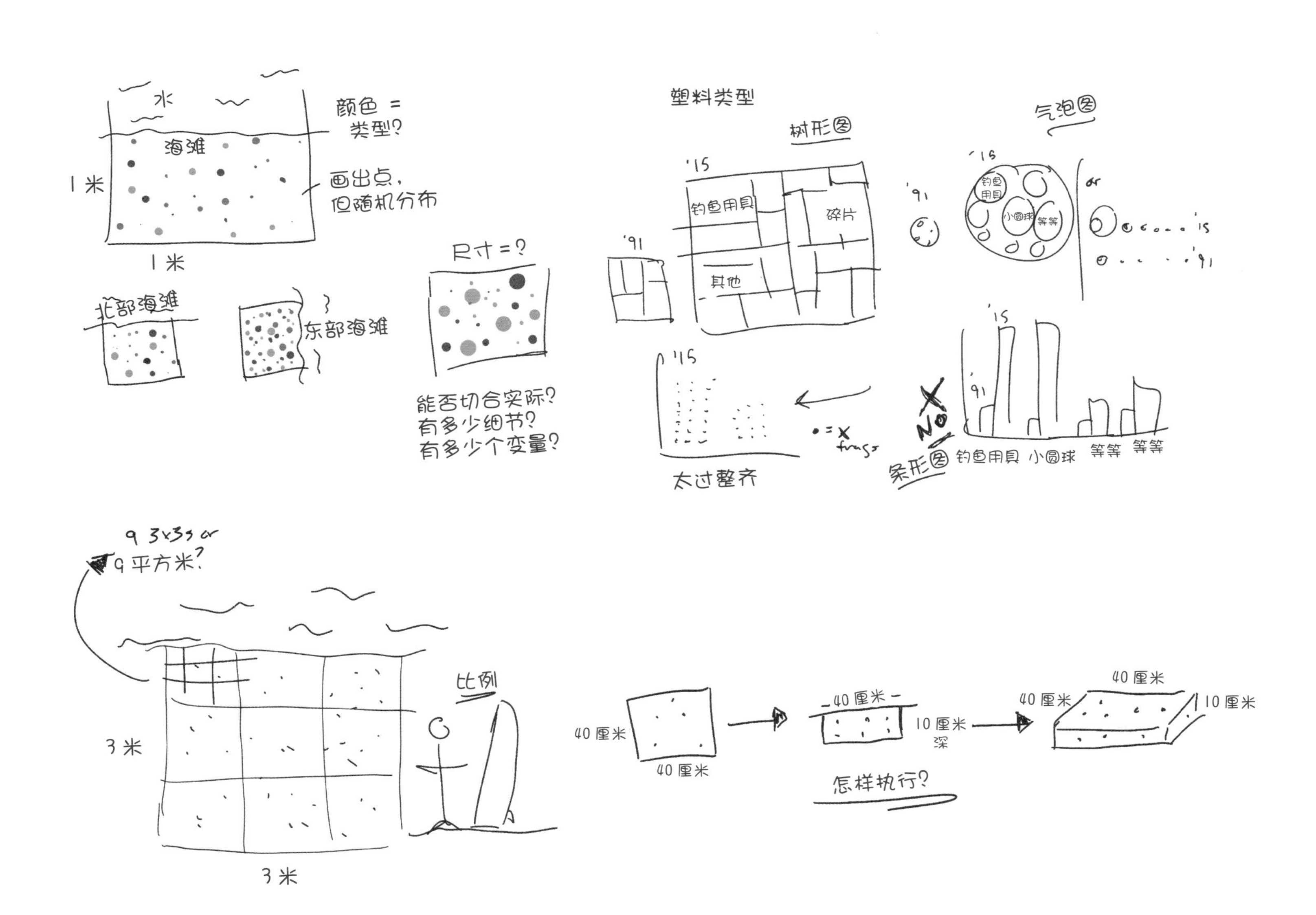
水
颜色 =
类型?
海滩
1 米
画出点,
但随机分布
1 米
北部海滩
东部海滩
尺寸 = ?
能否切合实际?
有多少细节?
有多少个变量?
塑料类型
树形图
'15
'91
钓鱼用具
碎片
其他
气泡图
'15
'91
钓鱼用具
小圆球
等等
or
'15
'91
'15
太过整齐
NO
条形图
钓鱼用具
小圆球
等等
等等
9 平方米?
3 米
3 米
比例
40 厘米
40 厘米
40 厘米
10 厘米
深
怎样执行?
40 厘米
40 厘米
10 厘米

原型

到这一步，我发现自己很自然地停了下来。我把注意力集中在树形图上，想办法让它发挥作用。这表明是时候开始创建原型了。

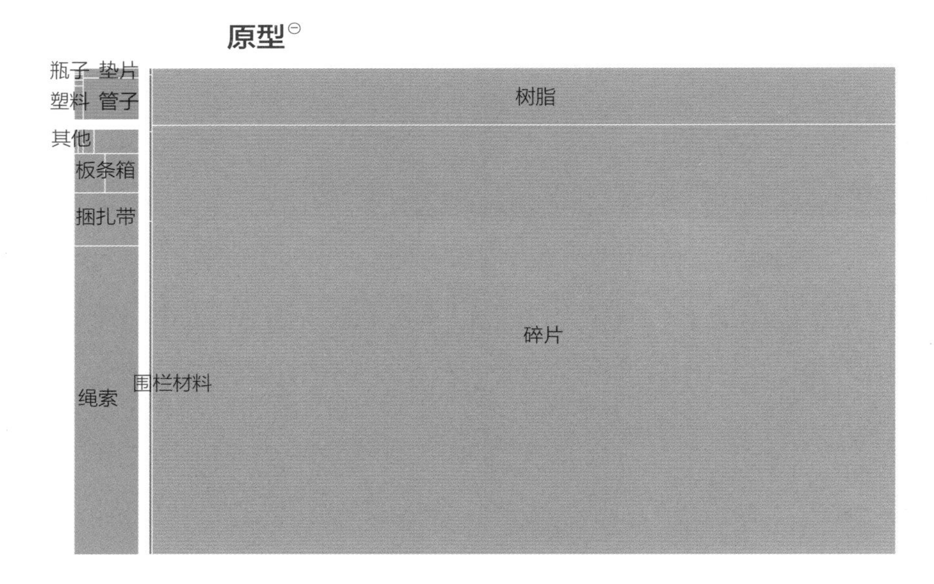

使用在线工具 Raw 创建的树形图原型帮助我认识到，使用这种形式将会很困难。看起来，给这么小的值分配标签，使得这种方法难以使用，而且，标签也是图中的一部分。但对我来说，更大的部分是碎片和树脂块的压倒性的尺寸。它们占据主导地位，以至于

㊀ 此图非印刷错误，呈现了画草图后进一步得到具体化的原型。——译者注

我担心人们甚至看不到其他类别，感受不到其他类型的塑料也在大量累积。我意识到这是 2015 年的数据。如果我把 1991 年的数据放进来测量，地图的大小将只有现在的 1/10 左右，数量更小的塑料垃圾的种类也将几乎看不到了。

我怀疑气泡里的气泡会同样如此，所以快速地做了一个单独气泡的纸上模型，而这本是我的备选方案，然后找到了我要用的东西。由于这些都是原型，因此我使用实际数据的近似值，让看图者对这些数据呈现在页面上或屏幕上是什么样子产生一定的感觉。在这里，无须显示太多，看图者就能理解我的思维进程。我为两类塑料创建了原型，并发现需要可视化的单件塑料垃圾太多了，如果按比例来看，很多这些垃圾都非常小。所以我决定回到数据之中，重新分组。我创建了五个类别，并开始考虑这两年的颜色对比。这似乎更容易让看图者接受。这样做的时候，我也想过有机会为每年的情况显示一个简单的总数。我在演示之前心想，可先显示 1991 年的点，然后再戏剧性地显示 2015 年的点。

我还需要为海滩场景创建原型。同样，我粗略估计了真实的数据，它们随机分布在适当数量的点上。这种效果正是我希望的。这使得我对显示东部海滩的情况有些担心，那里的数字要高一个数量级，但我想，我可以在开发实际的可视化图表时解决这个问题——这个过程我还得弄清楚。

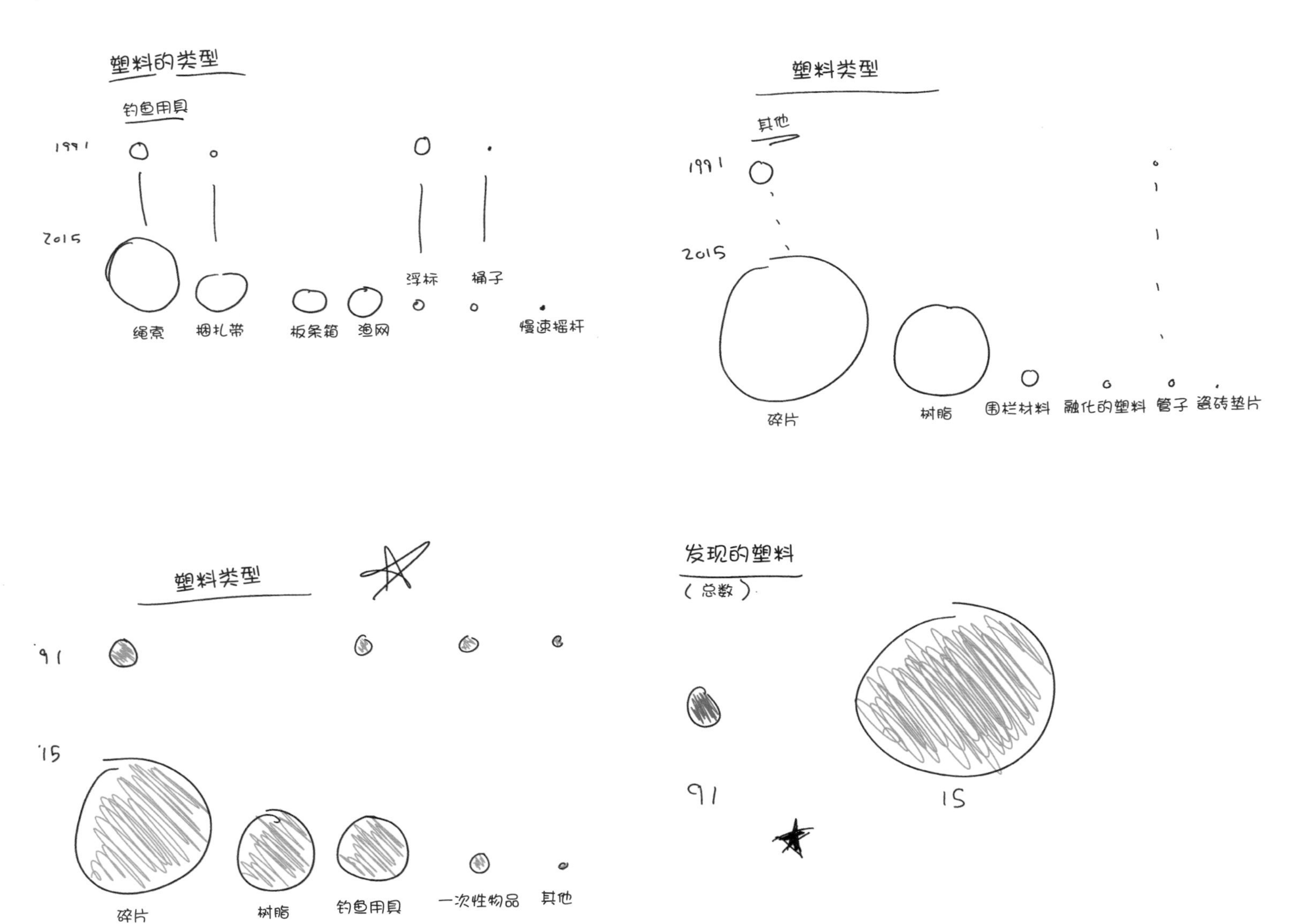
塑料的类型
钓鱼用具
1991
2015
浮标
桶子
绳索
捆扎带
板条箱
渔网
慢速摇杆
塑料类型
其他
1991
2015
碎片
树脂
围栏材料
融化的塑料
管子
瓷砖垫片
塑料类型
'91
'15
碎片
树脂
钓鱼用具
一次性物品
其他
发现的塑料
（总数）
91
15

总之，我花了大约 1 小时来创建原型。我并没有在这里描述我几度开始、几度停止，并且几度将不好的原型删除。创建原型是一个迭代的过程，但是所有的迭代都基于相同的想法，而使用画草图的方法，你可以产生许多新的想法。

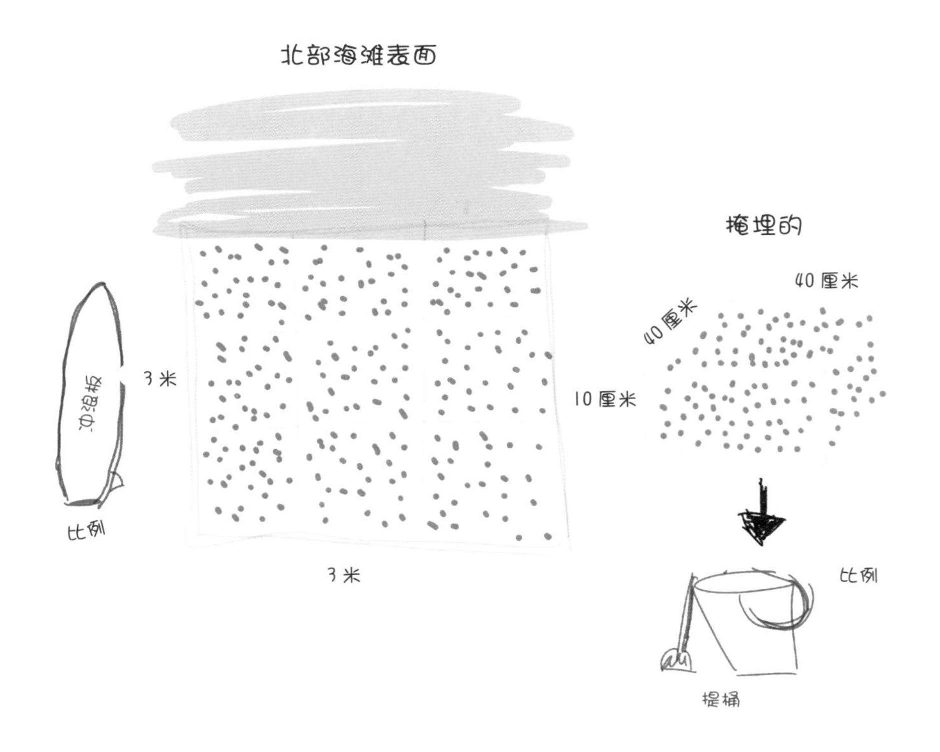

最终的图表及演示

我使用 Adobe Illustrator，花了大约四个小时来制作这份演示。

我在 Illustrator 中找到了一些工具，以制造点的随机分布，并对它们进行计数（数据精确到正负几个点之内），还可以创建沙粒的三维切割。我对东部海滩数据的密集担忧是有理由的，但在点上运用一定的透明度，有助于使这种密集成为一个优点而不是问题：你可以从这些显示塑料垃圾堆积的图表中找到感觉。

如果一开始看上去这个时间投入过多，我能理解。但是考虑一下你在最重要的演示中想要做到些什么：创造改变？获得人们的理解或是投资？发起一项运动或者改变人们的行为？在这种情况下，花几个小时在超标准的演示上，让你的想法“跃然纸上”，真实体现在屏幕上，是合理的。专业的设计师可能比我做得更快（当你的演示很重要时，值得投入这么多时间）。

尽管这看起来很长，但演示做好之后，你可以在五分钟内将它呈现出来。幻灯片的数量远没有理解每张幻灯片的时间重要。在一张幻灯片里塞入太多的想法，会让看图者试图阅读你展示的内容，而不是解读你所说的内容。这可能将他们的注意力吸引到了错误的事情上，或者使他们做出错误的解释。在这里，我不会让每张幻灯片的观众思考太多的想法，最多一两个而已。举例来讲，想象一下将前六张幻灯片全部放在一起。这里面包含了很多信息，比如我们在世界上的什么地方、塑料垃圾的总量是多少、这个总量又如何细分等，我可能需要花几分钟或更多的时间来讨论这个问题。此外，可视化图表必须更小，而视觉信息的绝对数量太多，将使人们很难知道如何继续浏览幻灯片。通过将其细分，我可以为每张幻灯片留出几秒钟时间，因为理解几乎是瞬间完成的。此外，在这个演示中，跳出可视化图表会产生很好的戏剧性的效果。熟练的演示者会利用这一点，例如，在显示 1991 年的数据后，暂停片刻，然后再显示 2015 年的数据。

1

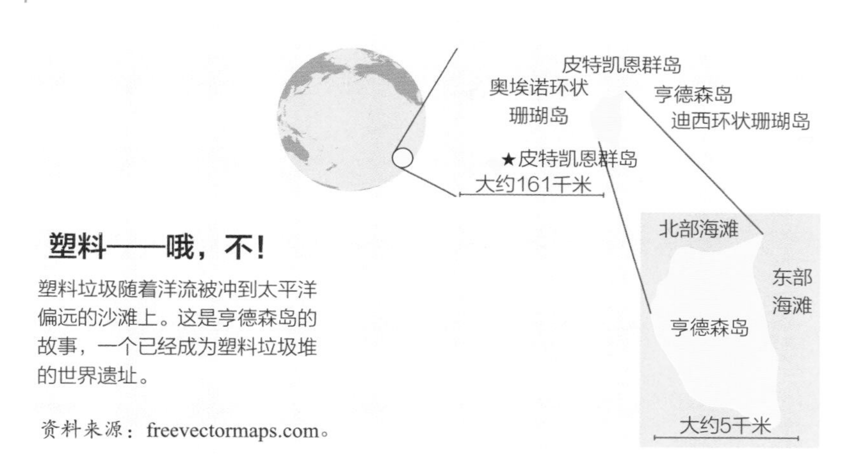

资料来源：freevectormaps.com。

2

1991年，迪西和奥埃诺环状珊瑚岛

此区域25年前已经过调查。

样本中数出了652件塑料制品

3

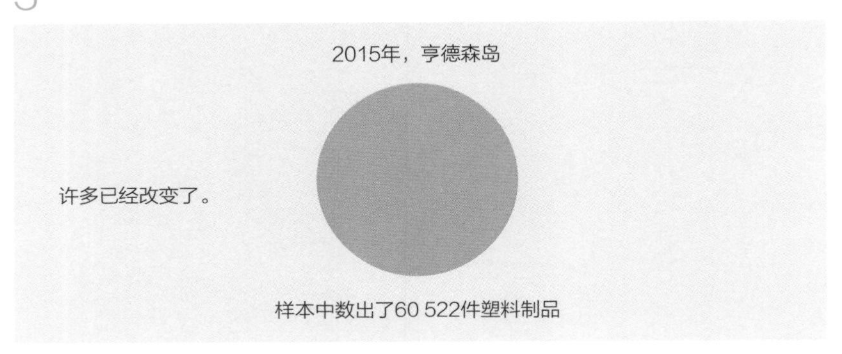

4

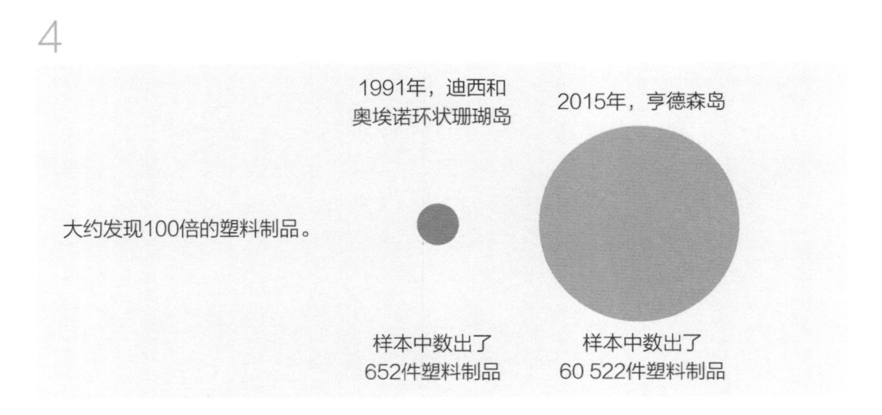

尽管我已经放入大量的信息，但实际上这里只有两个想法：将过去的情况和现在的情况进行比较，以及两个地方的现状。对于第二个想法，请注意，我使用的是不带数据的“开始”环节的可视化，这是另一种巧妙的演示手法。在看图者使用图表之前，它会训练他们观察图表的结构。到了添加数据的时候，他们已经知道我们在做什么了。要再次强调的是，我是在控制体验，引领看图者，而不是向他们展示所有的东西并指望他们能跟上。

冲浪板和提桶并不是为了支持我们在海滩上的想法而添加的不重要的剪贴画。它们作为比例尺存在。在没有参考点的情况下显示 9 平方米的海滩，会使得可视化空间更难与现实世界联系起来。提桶和埋在地下的塑料垃圾也是如此。你可能注意到，我将沙子的横截面尺寸从 40cm × 40cm × 10cm 调整为 100cm × 100cm × 10cm。这对我来说意味着更多的计算，但我认为，通过将尺寸与 300cm × 300cm 的图中的一个表面部分匹配，我将帮助人们更好地理解。现在他们可以看着这些埋在地下的样本，想象每一个样本都能埋到这些 1 平方米的区域之中。

一些小提示：介绍性的幻灯片让我们进入这个空间——你在这里。请注意，每张幻灯片的标题都很短。我不想让人们看幻灯片。还要注意，它们并没有明确地重复图表显示的内容，但确实有助于理解。你可以看到，标题并没有报告北部和东部海滩上的塑料碎片数量，而是指出，东部海滩的数量是北部海滩的 8 倍。最后一张幻灯片表明，为演示文稿撰写故事摘要，是很容易的事情。我没有尝试将大量的估计值可视化，而是使用类型作为可视化元素。

最后，我们聊一聊精确度。很明显，我的方法看重的是数据的感觉，而不是它的精确数字。我对各元素进行了分组，这样就不用处理太多塑料类型的变量了。我使用了一种随机分布的方法，在该方法中，单个数据值相互碰撞并堆积在一起。不过，有人可能会说，这掩盖了一些值。我在演示中很少用到具体的数字。对我来讲，为了这个练习和它的上下文（也就是帮助外行的看图者感受亨德森岛上正在发生的塑料垃圾堆积如山的情况），这样的取舍是可以接受的。我认为，过去和现在之间的巨大差异以及当前数据显示的垃圾已经“饱和”的观点，比具体的数值更有价值。

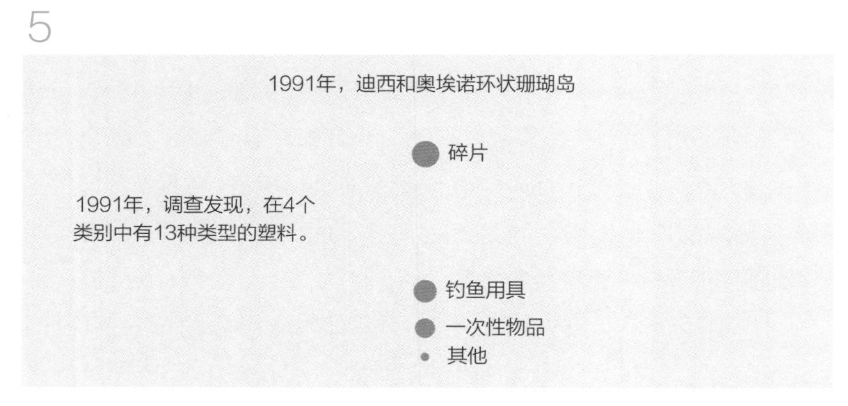

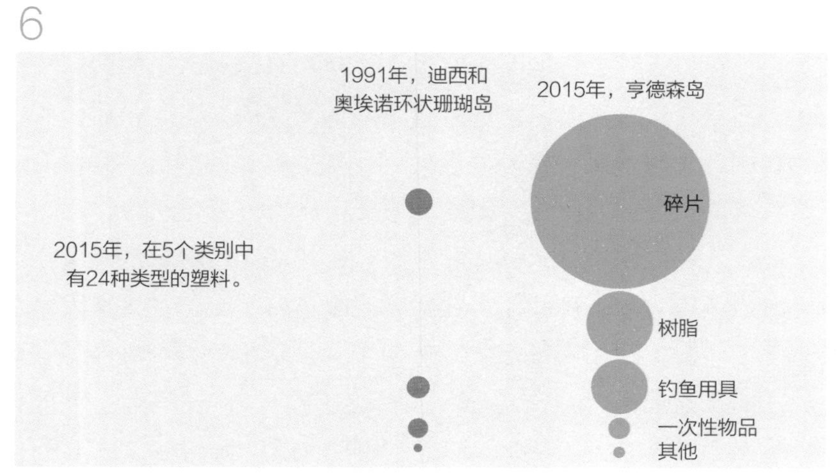

7

研究人员调查了北部海滩和东部海滩两片海滩上的碎片。他们实际上是在数塑料制品的件数。

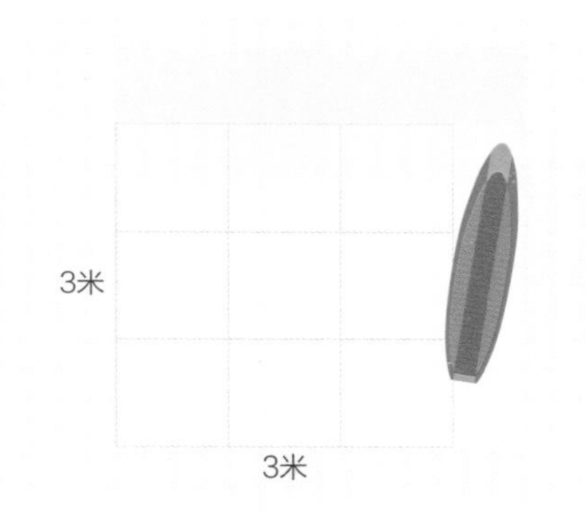

8

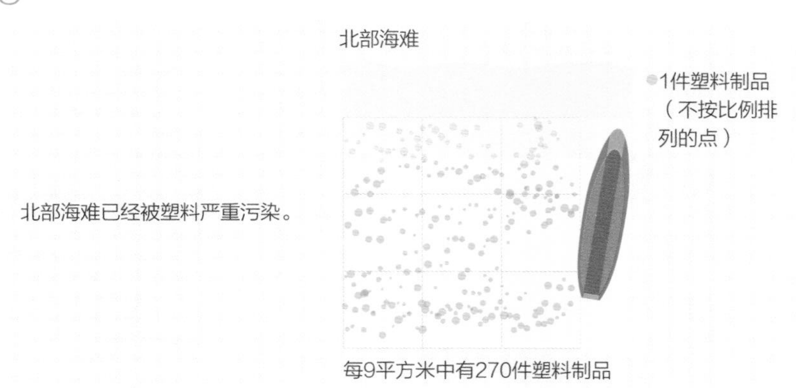

这并不总是一个好方法，在很多情况下根本行不通。这张图表会给人一种模糊或过度设计的印象。即便是在这种情况下，我也能想象，看到这张图，学者和数据科学家们会变得脸色苍白。他们可能会说，这不是数据可视化，而是一个设计练习。

我将把它作为数据可视化图表进行辩护，尽管我侧重于设计。我用的是实际值和实际比例。我试图忠于报告的数据和它们传递的信号：大量的塑料被冲上亨德森岛的海岸。如果有人想要具体的数据，我当然会提供。即便如此，我还是认为，对这些数据的许多更传统的图表解释，可能同样有效，甚至更有效，我期待着看到一些这样的例子。

9

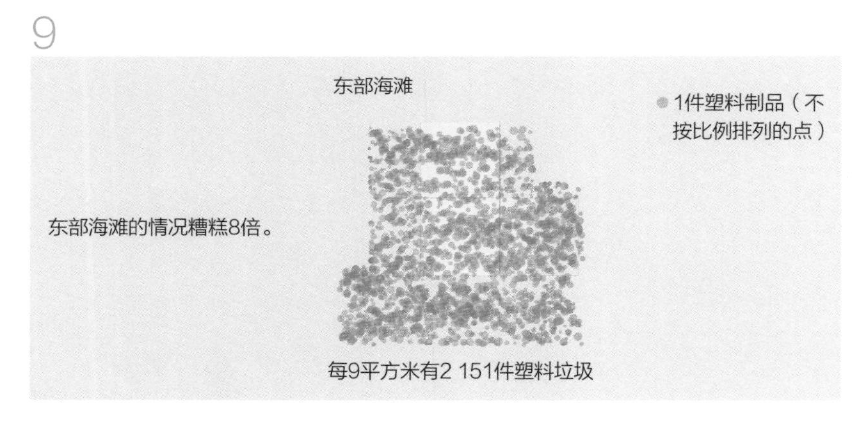

10

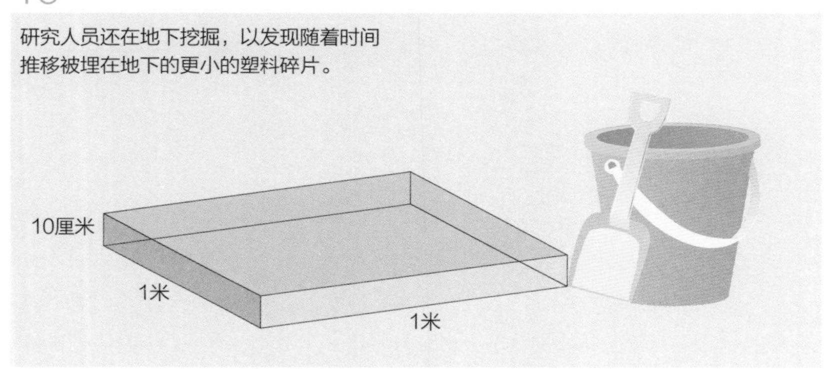

11

塑料碎片渗进了北部海滩的沙子里。

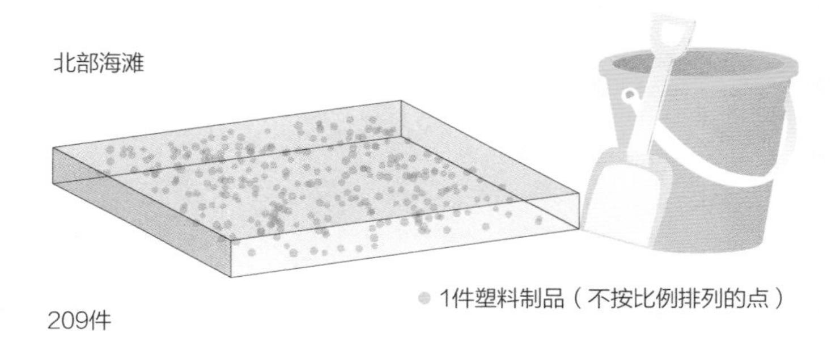

12

东部海滩的沙子充满了塑料。

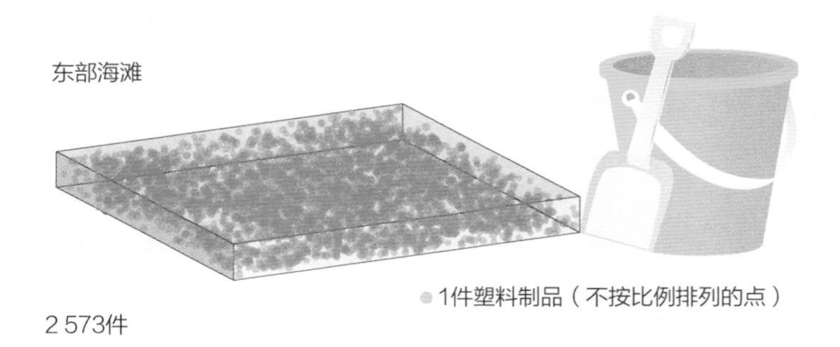

13

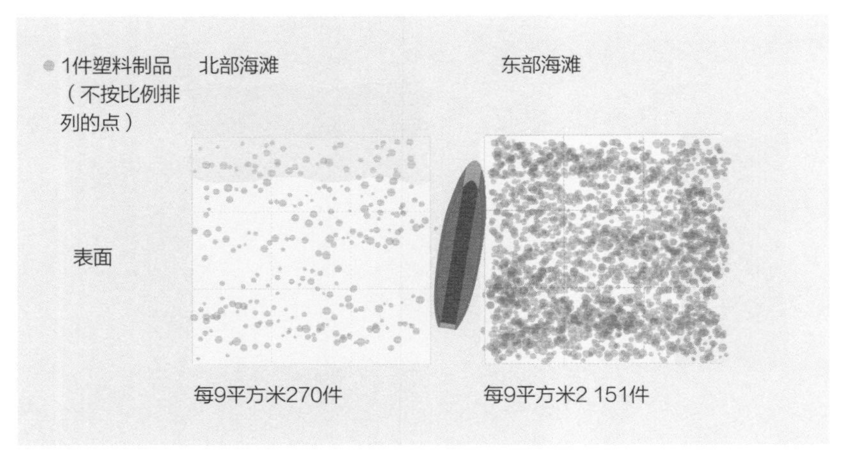
1件塑料制品（不按比例排列的点）
北部海滩
东部海滩
表面
每9平方米270件
每9平方米2 151件

14

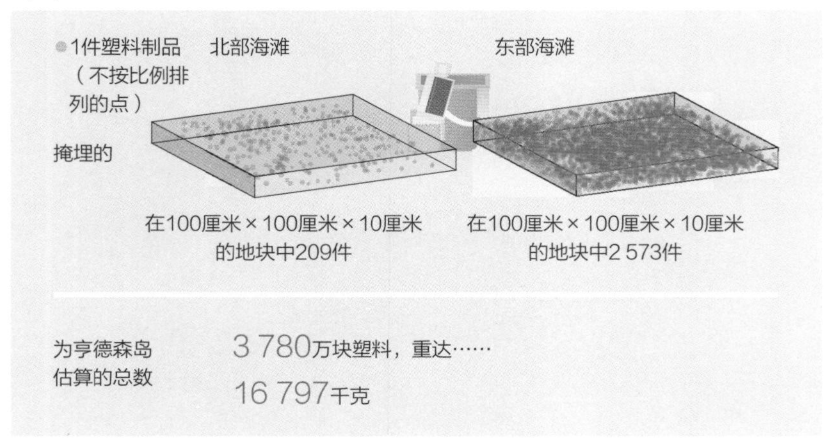
1件塑料制品（不按比例排列的点）
北部海滩
东部海滩
掩埋的
在100厘米×100厘米×10厘米的地块中209件
在100厘米×100厘米×10厘米的地块中2 573件
为亨德森岛估算的总数
3 780万块塑料，重达……
16 797千克

附录A

图表类型术语

Appendix A

2 × 2 矩阵　也叫矩阵，水平和垂直平分的方框，形成了四个象限。它常用于说明基于两个变量的类型。

优点：针对元素分类和“区域”创建的易于使用的组织原则

缺点：在不同的空间间隔绘制象限内的项，暗示两者可能不存在统计关系

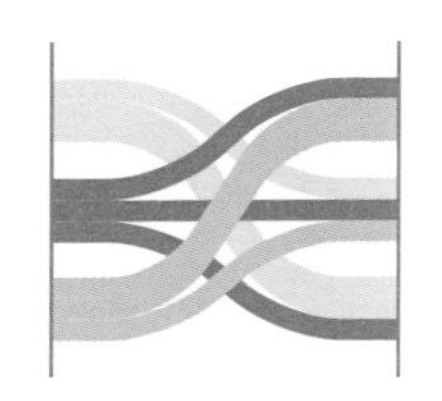

冲积图　也称为流图，显示值怎样从一个点移动到另一个点的节点和流。这通常用于展示值在一段时间内的变化，或者其组织方式的细节，例如，预算拨款如何逐月使用。

优点：在值的更改中公开详细信息，或者在广泛数据类别中公开地详细分解

缺点：流中的许多值和变化导致复杂而且交叉的视觉效果，虽然很漂亮，但可能很难解释

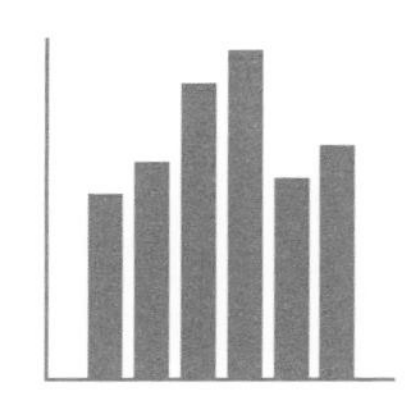

条形图　表示类别之间关系（“分类数据”）的高度或长度不等的条形。常用来比较同一指标下的不同群体，如 10 位不同 CEO 的薪酬。（当条形图垂直时也称为柱状图。）

优点：大家都熟悉的形式；非常适合于类别之间的简单比较

缺点：许多条形图可能会造成趋势线的印象，而不是突出离散值；多组条形可能变得难以解析

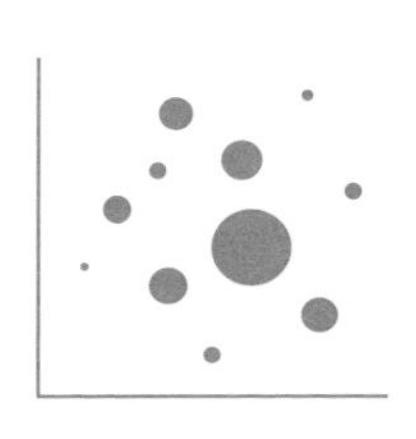

气泡图　散布在两次测量上的点，为数据增加了第三个维度（气泡大小），有时增加了第四个维度（气泡颜色），以显示几个变量的分布。常用来表示复杂的关系，如绘制不同国家的多个人口数据块。（也被错误地称为散点图。）

优点：合并“*z* 轴”最简单的方法之一；气泡大小可以为分布

式的可视化图表增加至关重要的上下文

缺点：按比例调整气泡大小是棘手的（面积与半径不成比例）；从本质上说，三轴和四轴的图表需要更多的时间来解析，因此不太适合于一目了然的表示

凹凸图　也称为疙瘩图（bumps chart），显示随着时间推移的排名顺序变化的线条。常用来表示受欢迎程度，如每周的票房排名。

优点：表现受欢迎程度、赢家和输家的简单方式

缺点：变化没有统计学意义（值是序数，而不是基数）；许多的等级和更多的变化使其具有引人注目的优势，但也可能使其难以追踪观察排名

点图　显示沿一根轴线的几个测量值。当重要的不是每根条形的高度而是条形之间的高度差时，常用于代替条形图。

优点：一种在垂直的或水平的狭小空间内都适用的紧凑形式；比传统的形式（条形图）更容易沿着单一的测试方法来进行比较

缺点：由于要绘制的点很多，很难有效地标记；如果这很重要，那就消除了所有类别之间的趋势感

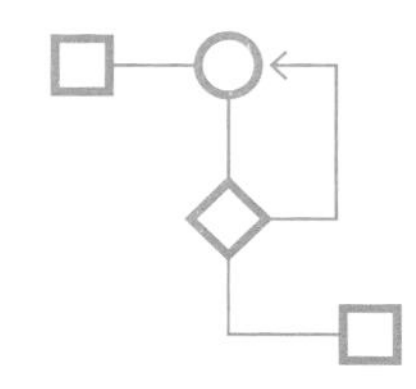

流程图　用多边形和箭头表示流程或工作流。通常用于描绘决策，数据如何在系统中移动，或者人们如何与系统交互，例如用户在网上购买产品的过程。（也称为决策树，它是流程图的一种类型。）

优点：形式化的系统，被普遍接受，用于表示具有多个决策点的流程

缺点：必须理解已确定的语法（例如，菱形表示决策点；平行四边形表示输入或输出等规则）

地理图　也叫地图，用于表现属于现实世界中位置的值的地图。常用于比较国家或地区之间的值，如显示政治立场的地图。

优点：如果看图者熟悉地理，可以很容易地找到值并在多个层次上对它们进行比较（即同时按国家和地区比较数据）

缺点：使用位置的大小来表示其他值，可能会强化或弱化这些位置中编码的值

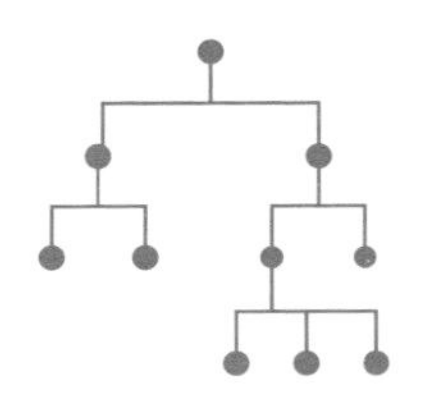

层次图　用来表示元素集合的关系和相对排名的线和点。通常用来表示某组织的结构，如家庭或公司。（也称为组织结构图、家谱或树形图，所有这些都是层次图的类型。）

优点：一种记录和说明关系与复杂结构的易于理解的方法

缺点：行与方框的方法在显示复杂性方面受到限制；更难显示不那么正式的关系，比如人们如何在公司的层级制度之外合作

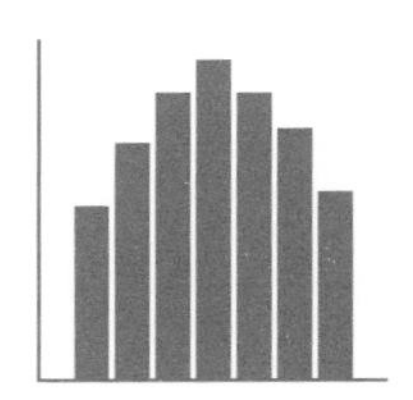

直方图　基于范围内每个值的出现频率来显示分布情况的条形。常用于显示概率等结果的风险分析模拟。（也被错误地称为条形图，实际上，条形图用于比较类别之间的值，而直方图则显示一个变量的值的分布。）

优点：用来显示统计分布和概率的基本图表类型

缺点：看图者有时会把直方图误认为条形图

折线图　显示值如何变化的一些相互连接的点，通常随时间的推移而变化（连续数据）。常用于通过把多条线画在一起来比较趋势，例如几家公司的收入。（也称为体温记录图或趋势线。）

优点：大家都熟悉的形式；非常适合于一目了然地表现趋势

缺点：如果我们重点关注趋势线，将更难看到和探讨离散的数据点；太多的趋势线使得人们很难看到任何单根的线

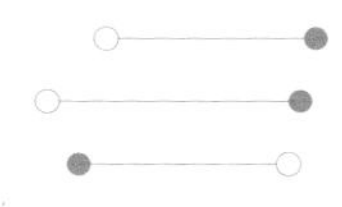

棒棒糖图　类似于点图，但在单个测量值上绘制两个点，用一根线连接，以显示两个值之间的关系。绘制几个棒棒糖图，可以产生类似于浮动条形图的效果，其中的值并不全都固定在同一个点上。（它也被称为双棒棒糖图。）

优点：既适合水平又适合垂直的紧凑的图表形式；当两个变量之间的差异最重要时，非常适合在它们之间进行多次比较

缺点：当变量“翻转”（高值是前一个棒棒糖图中的低值）时，多个棒棒糖图之间的比较可能令人困惑；值相似的多个棒棒糖图，使得评估图中的单个项变得困难

隐喻图　箭头、金字塔、圆圈和其他公认的图形，用来表示非统计概念。通常用于表示抽象的想法和流程，如业务周期。

优点：能够简化复杂的想法；由于人们对隐喻的普遍认识，所以显得天生就能理解这种图

缺点：很容易混淆隐喻，误用隐喻，或者过度设计隐喻

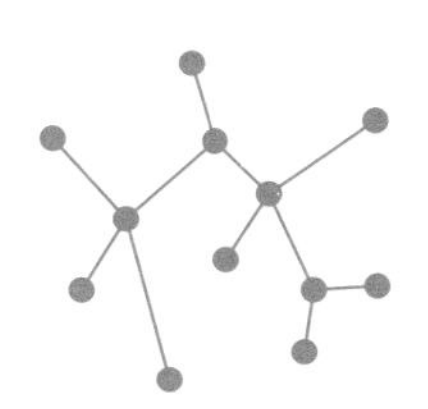

网络图　连接在一起的节点和线，以显示一个群体中各元素之间的关系。通常用于表示实物之间的相互联系，如计算机或人。

优点：有助于说明节点之间的关系，这些关系在我们采用其他方式时可能很难看出来；突出显示集群和异常值

缺点：网络往往迅速变得复杂起来。有些网络图虽然漂亮，但可能很难解释

饼形图　被分成若干部分的圆，每个部分代表某个变量在整个值中所占的比例。通常用于显示简单的总数细分，如人口统计。（也称为甜甜圈图，它是一种以圆环形式显示的变化图。）

优点：无处不在的图表类型；显示主导份额和非主导份额

缺点：人们对扇形楔形块的面积估计得不是很好；如果楔形块过多，将使得值难以区分和量化

桑基图　显示值是如何分布和传输的箭头或条形。常用于显示物理量的流动，如能量或人。（也称为流图。）

优点：使人们易于发现系统流程中的细节；帮助识别主要的组成部分和低效的地方

缺点：是一种由包含许多组成部分和流动路径的复杂系统构成的图表

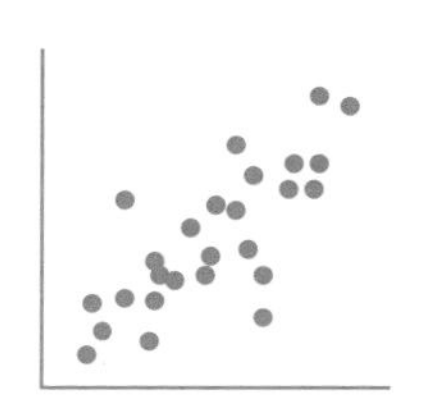

散点图　对照某一特定数据集的两个变量而绘制的点，表示这两个变量之间的关系。常用于检测和显示相关性，如年龄与收入的关系图。

优点：大多数人都熟悉的基本图表类型；这种空间方法可以很容易地看到相关、负相关、集群和异常值

缺点：很好地表现了相关性，以至于即使相关性并不意味着因果关系，人们也可能做出因果关系的推测

斜率图　表示值的简单变化的线。通常用来表示剧烈的变化，或与大多数斜率相反的异常值，例如某地区的收入下降，其他所有地区的收入都在上升。（也称为折线图。）

优点：创造了一种简单的之前和之后的叙事，无论是单个值还是许多值的总体趋势，都让人很容易看出和掌握

缺点：排除了两种状态之间值的所有细节；太多纵横交错的线条可能让人很难看到单个值中的变化

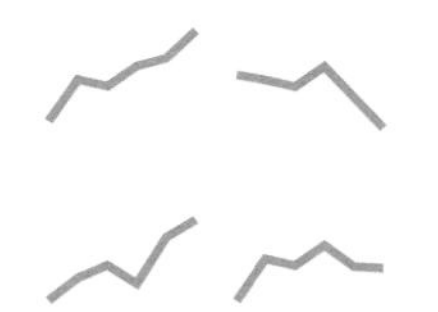

小型多图　一系列小图表，通常是线形图，显示在同一尺度上测量的不同类别。常用于多次显示简单的趋势，如按国家划分的 GDP 趋势。（也称为网格图或格状图。）

优点：和将所有的线都叠加在同一个图表中相比，更容易比较多个甚至几十个类别之间的差异

缺点：如果没有戏剧性的变化或差异，就很难在比较中发现其意义；你在单个图表中看到的一些“事件”就会丢失，例如变量之间的交点

叠加区域图　也称为区域图，描绘某一随着时间的推移而变化的变量的线条，线条之间的区域用颜色填充，以强调体积或累计总数。通常用于按时间比例显示多个值，例如一年中多个产品的销售量。

优点：能很好地显示出比例随时间的变化；强调体积感或积累感

缺点：太多的“层次”使得每一层都太薄了，以至于很难看到随时间的变化、差异，或者难以追踪观察值的情况

叠加条形图　被分成若干部分的矩形，每个部分代表某个变量在整体中的比例。通常用于显示简单的分类汇总，如各地区的销量。（也称为比例条形图。）

优点：有些人认为它是饼形图的一个更好的替代图表；很好地显示主导份额和非主导份额；可以有效地处理比饼形图更多的类别；水平和垂直都适用

缺点：包含太多的类别或者将多个堆积条形组合在一起，可能使你很难看到差异和变化

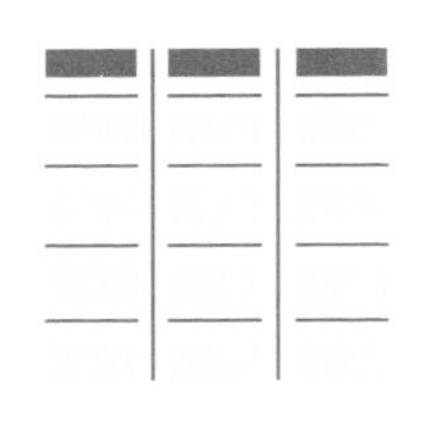

表格　按列和行排列的信息。通常用于跨多个类别显示单个值，如季度财务业绩。

优点：使每个单个的值都可用；与相同信息的单调版本相比，更容易阅读和比较值的情况

缺点：难以对趋势产生粗略的了解，也很难对几组值进行快速比较

树形图　被分割成更小矩形的矩形，每个更小矩形代表某个变量与整个值的比例。常用于表示等级比例，如按类别和子类别划分的预算。

优点：显示详细比例分解的紧凑形式；克服了饼形图的许多楔形块的限制

缺点：以细节为导向的形式，不适合快速理解；太多的类别会造成令人震惊但难以解析的视觉效果；通常需要能够精确排列正方形的软件

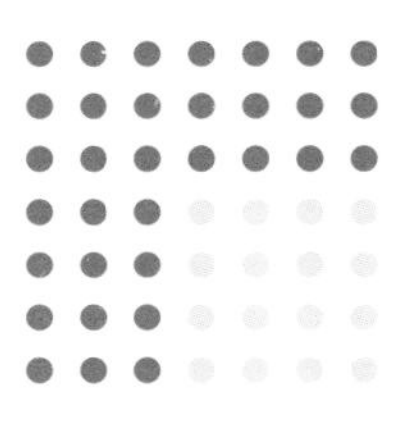

单位图　用于表示与分类变量相关的单个值的集合的点或图标。通常用于显示实物的记录，如花费的金额或者流行病中的患者。(也称为点图。)

优点：以比某些统计演示更加具体、更加形象的方式来表现值

缺点：太多的单元类别可能使你难以将精力集中在核心的意义上；要拥有强大的设计能力，才能使单位的安排最有效

附录 B

图表类型指南

Appendix B

安德鲁·阿伯拉（Andrew Abela）制作的《这份指南》（*This Guide*）是思考图表类型的一个很好的起点，但不要把它用作决策引擎。并不是人人都同意他对图表类型的组织方式，层级结构也并未包含所有有效的图表类型。事实上，这里显示的每个图表都有许多变体和混合，而且人们时时刻刻都在创建出新的图表类型。此外，当你想要拓展自己的思维，尝试多种方法时，这个工具可能缩小你的思考范围。但是，它将帮助你理解各种形式的类别（例如，比较和分布），并且可能激发你尝试一些新东西。我已经对《这份指南》进行了调整，使之与第6章和最初的《好图表》一书中列出的“交谈–画草图–创建原型”的框架相适应。至于我是怎样调整的，请参见以下内容。

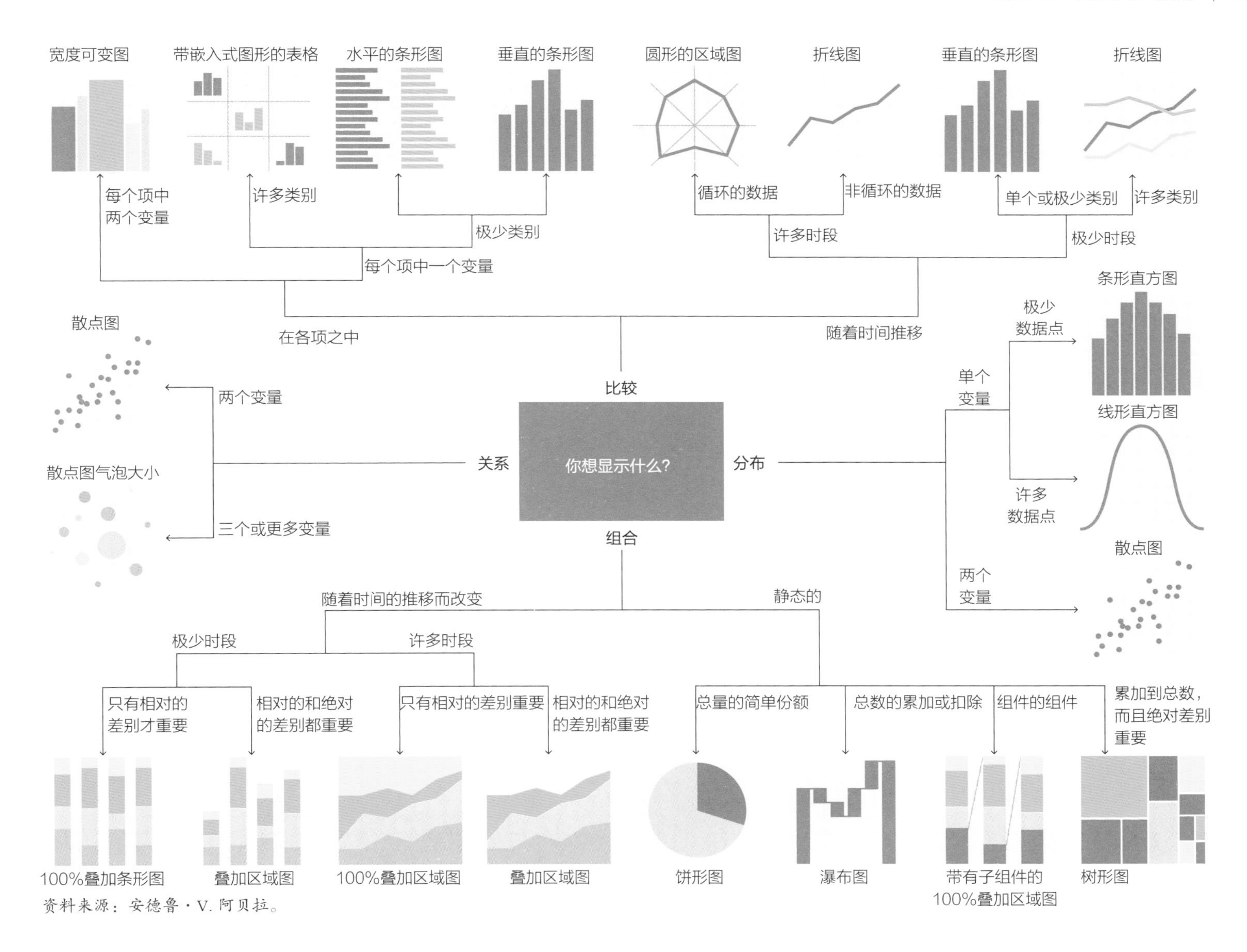
宽度可变图
带嵌入式图形的表格
水平的条形图
垂直的条形图
圆形的区域图
折线图
垂直的条形图
折线图
每个项中
两个变量
许多类别
极少类别
循环的数据
非循环的数据
单个或极少类别
许多类别
许多时段
极少时段
每个项中一个变量
在各项之中
随着时间推移
散点图
两个变量
散点图气泡大小
三个或更多变量
比较
关系
你想显示什么?
分布
组合
条形直方图
极少
数据点
单个
变量
线形直方图
许多
数据点
散点图
两个
变量
随着时间的推移而改变
静态的
极少时段
许多时段
只有相对的
差别才重要
相对的和绝对
的差别都重要
只有相对的差别重要
相对的和绝对
的差别都重要
总量的简单份额
总数的累加或扣除
组件的组件
累加到总数，
而且绝对差别
重要
100%叠加条形图
叠加区域图
100%叠加区域图
叠加区域图
饼形图
瀑布图
带有子组件的
100%叠加区域图
树形图

资料来源：安德鲁·V. 阿贝拉。

附录 C

图表类型关键词

Appendix C

比较

笔记

之前和之后
类别
比较
对比
随着时间推移
高峰
排名
趋势
类型
低谷

条形图　凹凸图　折线图　斜率图　多个小图

分布

笔记

冲积图
集群
分布的
从……至
描绘的
点
蔓延
遍布
相对于
转移

冲积图　气泡图　直方图　桑基图　散点图

组合

笔记

组成部分
分割
分组
构成整体
部分
百分比
小块
部分
比例
小片
子部分
总额

饼形图　叠加区域图　叠加条形图　树形图　单位图

地图/网络/逻辑

笔记

集群
复杂
联系
群体
层级
如果……那么
网络
组织
路径
地点
关系
路线
结构
空间
是或否

流程图　地理图　层级图　2x2矩阵　网络图

致 谢

在写作本书的整个过程中，我用学弹吉他的比喻来描述如何学习制作好图表。写一本好书，与学习弹吉他又有不同，前者更像是在舞台上表演摇滚。到最后，我们看到了乐队，听到了他们演奏的歌曲，但实际上见证的是一大批专业人士娴熟的工作。没有他们，整个乐队就会失败，这种经历会很糟糕。同样的道理也适用于像这样的制图书籍，要知道，创作这样一本手册，需要的不仅是普通的写书技巧。

我很幸运，身边都是最杰出的专家。首先是我的编辑兼朋友杰夫·基霍（Jeff Kehoe），他对读者需求的敏锐眼光和敏感直觉都是无与伦比的。我还觉得自己幸运的方面在于，哈佛商业出版社有最支持我的领导者，尤其是阿迪·伊格内休斯（Adi Ignatius）和艾米·伯恩斯坦（Amy Bernstein），他们给了我将作家作为第二人生的奢侈的机会。我的朋友兼前同事蒂姆·沙利文（Tim Sullivan）虽然已经离开了这里，但我也要感谢他，他在一开始就给了我机会，并且始终相信我对《好图表》一书的愿景。

这本书有近300张图片，给《哈佛商业评论》出版社的制作人员带来了巨大压力，但是，从他们平静的外表和优雅的执行力，外人永远看不出他们内心的压力。特别感谢詹妮弗·韦林（Jennifer Waring）完美地处理了这一切，尽管我确信我给她造成了很多恐慌，但她丝毫没有流露出来；还要特别感谢艾莉森·彼得（Allison Peter）让我很大程度上一直保持正轨。感谢格雷格·莫罗泽克（Greg Mroczek）找到了合适的纸张并且管理了这本优美书籍的印刷，感谢拉尔夫·福勒（Ralph Fowler）为复杂的手稿进行了专业的排版。

在过去两年里，我一直和一支杰出的营销团队共事，他们和其他人一样，都是《好图表》一书成功的重要因素。谢谢你们，朱莉·德维尔（Julie Devoll）、林赛·迪特里希（Lindsey Dietrich）、妮娜·诺基奥利诺（Nina Nocciolino）和肯齐·特拉弗斯（Kenzie Travers）。妮娜·诺基奥利诺，我们想念你。

在我关于数据可视化图表的讲座和研讨会上，无数与会者经常给我鼓舞和挑战，他们的许多想法都体现在本书中。当我谈到数据可视化时，经常有人想知道我怎样使用颜色或排版；或者，他们问我如何设计图表。很多人欣赏《好图表》这本书本身的艺术风格。我认为这不是我的功劳。首先，我要感谢我亲爱的朋友詹姆斯·德·弗里斯（James de Vries），他是一位极富创造力的设计师，是一股自然之力，虽然他已经搬回了地球的另一边，但其影响仍然在地球的这一边得以发挥。我也非常感谢斯蒂芬妮·芬克斯（Stephani Finks）为这本制作手册及其封面改进了设计，并且启发了我。谈到设计，我不能不感谢我的朋友、同事和合作者玛尔塔·库斯特拉（Marta Kusztra）的贡献。她教会我热爱灰色、变得大胆、杜绝花哨，以及和平庸做斗争。

感谢玛莎·斯伯丁（Martha Spaulding）这位才华横溢的编辑，她拥有一种不可思议的能力，能够从草率的文章中高效地创造出优雅的文字。感谢马修·佩里（Matthew Perry）这位推崇优秀信息设计的设计师，他把我在Illustrator软件中制作的业余级插画变成了专业级图表。感谢《哈佛商业评论》允许我展示、修改，有时甚至重做他们过去发布的图表。

为本书而创造的许多练习来自各位同事。我感谢他们允许我在这里以各种形式使用他们在现实中制作出来的数据可视化图表的派生版本，同时感激他们向我提出建议，与我一起工作，并且信任我将它们开发成练习。这些同事包括：艾莉森·比尔德（Alison Beard）、沃尔特·弗里克（Walter Frick）、格雷琴·加维特（Gretchen Gavett）、萨拉·格林·卡迈克尔（Sarah Green Carmichael）、莫林·霍克（Maureen Hoch）、泰勒·马沙多（Tyler Machado）、丹·麦克金（Dan McGinn）、加德纳·莫尔斯（Gardiner Morse）、艾米莉·内维尔－奥尼尔（Emily Neville-O’Neill）和玛丽安·威切尔鲍姆（Marianne Weichselbaum）。特别感谢我在《哈佛商业评论》的邻居，安妮娅·魏考斯基（Ania Wieckowski）和戴夫·列文（Dave Lievens），他们只要有机会让我深入钻研数据可视化图表，就从来不会错过这样的机会，此外，他们还建议我修改这个或那个图表，甚至只是大声地告诉我，他们很想知道20世纪70年代每年有多少天高温日。感谢《哈佛商业评论》数据可视化Slack频道的活跃成员，这个频道是一个持续激励、学习和娱乐的源泉。

特别感谢我在伦敦的同事和朋友萨莉·阿什沃思（Sally Ashworth）对我的照顾和一直以来的支持。还感谢苏珊·弗朗西斯（Susan Francis）始终不渝的支持、不断的倾听，以及从不粉饰太平。

如果我忘了感谢你，我向你道歉，我会请你喝一杯的。

我们每个人都离不开生养我们的家庭，我就有一个很好的家。感谢我的家人，特别是我的父母文（Vin）和保拉（Paula），我的兄弟姐妹和他们的伴侣丽莎（Lisa）和约翰（John）、米歇尔（Michael）和考特尼（Courtney）、马修（Matthew）和大卫（David）、马克（Mark）和艾米（Amy）。

像往常一样，感谢萨拉（Sara）、艾米丽（Emily）、莫莉（Molly）和派珀（Piper）于世间万物的无知中驻足停留。

作者简介

自称“数据可视化图表极客”的斯科特·贝里纳托是《好图表：更加智能、更有说服力的数据可视化〈哈佛商业评论〉指南》一书的作者。对这本书，快速公司（Fast Company）曾说，“它可能成为年度设计手册”。演讲大师南希·杜阿尔特（Nancy Duarte）称其是“我希望自己当初能写的书”。贝里纳托经常谈到优秀的数据可视化图表的力量和必要——他最近一次谈及这些，是连续第三年在得克萨斯州奥斯汀的“South by Southwest”（SXSW）大会上就数据可视化的主题发表的演讲。同时，他与许多公司和个人合作，来提升其数据可视化图表水平。他是《哈佛商业评论》的高级编辑，负责撰写和编辑有关可视化图表、技术和商业的文章。